TBSラジオ『JUNKサタデー エレ片のコント太郎』公式完全読本

PARCO出版

IMADACHI
SUSUMU

YATSUI ICHIRO

TBS

ELEKATA CONTE TARO

目次

第三章「エレ片」たちの証言

はじめに

2006年4月7日に産声を上げた
TBSラジオ「エレ片のコント太郎」は、
2021年3月27日に15年の歴史に幕を下ろし、
新たに「エレ片のケツビ！」へと生まれ変わりました。

この本は「エレ片のコント太郎」と、それを支えて下さった皆様への
15年間の感謝を込めた、「エレ片」初の番組オフィシャルブックです。

雨の日も、風の日も、雪の日も、
ともに過ごした「エレ片のコント太郎」――――。
「エレ片のコント太郎」を愛してくれた著名人の方々の証言、
番組を支え続けてきたマネージャー、番組ディレクター、放送作家、AD、
リスナーの証言、そしてパーソナリティーの「エレ片」3人、
やついいちろう・今立進・片桐仁の証言から、
15年間愛され続けた番組の魅力を振り返るという内容になっています。
この本を読み終わったら、
何十倍、何百倍も「エレ片のケツビ!」を楽しむことができるはず！
隅々までお楽しみください！

ありがとう、エレ片のコント太郎！
そしてケツビ！へ

第一章
偉人たちの証言

INTERVIEW

甲本ヒロト

僕はエレ片の3人に憧れてるんだ

昔から深夜番組が大好きだった。自分でラジオをつくって聞いていたんだよ。親戚のおじさんにそういう工作が得意な人がいて、トランジスタの2石。そのうち4石にも挑戦して大抵のラジオ局は聞けたんじゃないかな。僕の音楽の目覚めはFM。中学の英会話の授業で使うからって、ちゃんとしたラジカセを買ってもらった。いろいろ試してるうちにFMから外国の音楽が流れてきた。それに衝撃を受けたのが音楽の始まり。それだけど自作のラジオで聞いてたのはAMばっかり。流しっぱなしで、いつも楽しかった。

ラジオって、リスナーに寄り添っていうけど、僕の場合はラジオの音が部屋に来るんじゃなくて、僕が向こうに行くの。自分があっちに行く感じ。一人じゃないなって思えるのがよかった。

楽しいっていいじゃない。楽しいってことはとても大事。考えることじゃない。楽しいってのはいい。僕にとっては曲作りもおんなじで、楽しいんです。楽譜もよめないし、コードもよく知らない。ただの思いつきの鼻歌みたいなもの。作ろうと思っても、全くでてこない。なんとなく自然に出てくるもの。気がつくと年に数曲たまっていて、ああ良かった（笑）。

あるときは、オートバイから降りてヘルメットを脱ぐ瞬間に曲がずらずらって出てきたり、3分間の曲が1秒でできることもある。車を降りてドアをバンってやった瞬間とかね。そうやって浮かんだ曲は頭に残っていて、忘れても戻ってくるんです。人の名前や歴史年表は覚えられないけど、やっぱり、楽しいことは、そうやってうまくいくのかな、と思う。

虫の話で意気投合

もともと虫が好きだったの。家にいたコクゾウムシやシバンムシが好きでずっとみてた。そして、あるときムシクソハムシに出会ったのが虫好きになる決定打だった。それから、虫ってかっこいいなって思うようになったんだけど、学校に行って虫好きそうな人に話しても、クワガタやカブトムシほどは盛り上がらない。なんとなく寂しくなってしまうから、どこかでリミッターをかけるようになったと思う。最近になってマニアックな話のできる知り合いが増えてきたことで再燃してます。一人でオートバイに乗って、蝶々を探しに行くこともあるよ。

ある時、片桐仁くんと食事をする機会があって、お互いに虫好きだってことがわかり、じゃあ、虫採りに行こうかってことになった。仁くんの奥さんも相当な虫好きってこともあって、家族ぐるみで行ったんです。楽しかった。目的地に到着して駅に降りた途端、仁くんが「あっ！」って顔をしてるから、「なにかやらかしたな」と思って聞いたら、お弁当とか荷物をすべて電車の網棚に乗せたまま忘れてたんだよ。あれは笑った。さすがです。

みんなが蝶々を追っかけてるとき、僕はひたすら小さなハムシを探してて、本命が採れた時に思わず大きな声を出してしまった。「やったー！　ムシクソハムシだ！」って。みんなが駆け寄ってきて、僕がこいつがどんな虫なのか説明をしたら、すごく興味を持ってくれたの。ムシクソハムシがスターになった瞬間でした。

その日はみんな虫採りに夢中だった。ある一本の木でヒカゲチョウが群れで羽化していて、ちょっと木を揺すったら、すごい数のヒカゲチョウがバーって一斉に飛び立って、その場にいたみんな、大人も子供も一心不乱に網を振り回して、まるで踊ってるみたいだった。

虫は小さいほどいい。小さなスーパーコンピューター。どんなに小さくても、何一つ省略しないであのサイズに詰め込んでいるのがすごい。ポケットに入るミニカーだったらエンジンはかからないし、カーラジオも聞けないでしょう。

全てをそなえたまま何も省略しない。だから、小さいは偉い。仁くんとはそんな話ができる。

少年ジャンプ

エレ片の魅力って、子供の頃の少

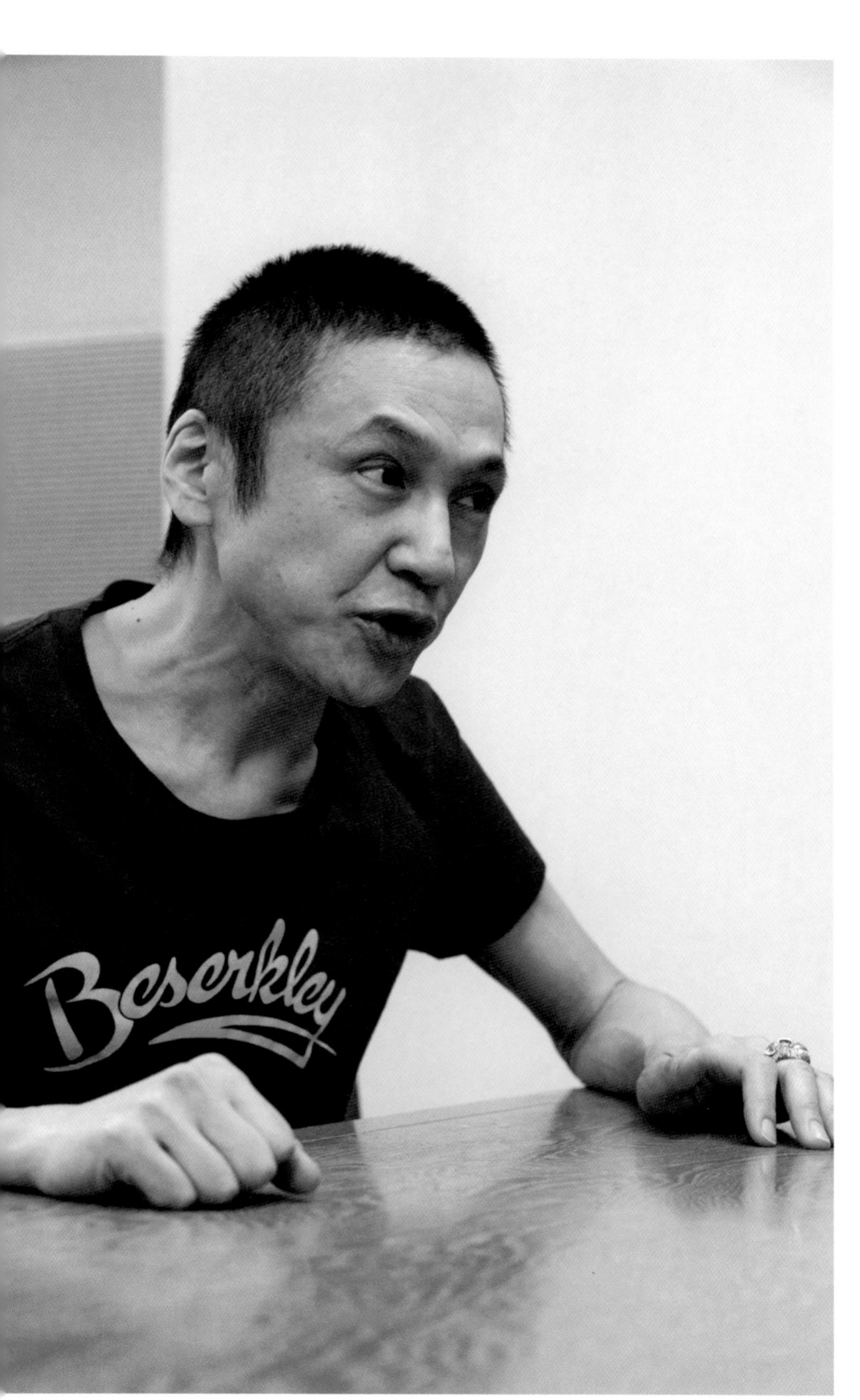

甲本ヒロト：1963年岡山県生まれ。1985年、真島昌利らとTHE BLUE HEARTSを結成。1995年の解散後は、2005年までTHE HIGH-LOWS、2006年からはザ・クロマニヨンズで活動。

年ジャンプとリンクする。よくわからないけど、なんとなく、少年ジャンプなんだ。

大人になってからも、ツアーの移動中とかでジャンプとフレッシュジャンプを読んでいたんです。小学生くらいの男の子ターゲットの漫画が好きなんです。

思えば、僕が小さいころは、男子は少年漫画、女子は少女漫画ってかんじだった。今だったらみんな鬼滅の刃とかワンピースの話をするけれど、昔はジャンプに載ってる漫画を女子が語ることはめずらしいことだった。なんだか、女子と男子の間で、教室の中に見えない壁があった。それはきっちりとしていて、良いか悪いかは別にして、それも楽しかったかなと思い返します。なぜなら、男子なら男子だけ、女子なら女子だけのほうが、より濃い時間が過ごせた気がするから。女の子にキン肉マンの技をかけたりなんてできないでしょう。「トイレット博士」、「キン肉マン」、「1・2のアッホ」。みんな男の子のものだった気がする。あと、巻末の「ジャンプ放送局」も大好きだったなあ。あれが一番楽しみだったこともある。次回のお題はなんだろう？　とか、隅から隅まで読んでた。

エレ片はあの頃の「ジャンプ放送局」に近いのかもしれない。番組のどこを切っても面白いけど、ああい

うごっちゃな感じのフリートークに男の子はワクワクする。エレ片は雑談にみせて、ちゃんと笑わせるんだから、天才です。

自分の居場所はどこかにある

3人の個性が素敵です。受け持ちをわかってて、テーマごとに役割をバトンタッチしてる。弱者になったり、勝ち組になったりがめまぐるしい。でも、一番多いのは仁くんがやられてる構図（笑）

あの3人の姿って、昔からある友達の形だと思う。友達というフォーメーション。最近だったら、二人が一人をいじると、すぐにいじめだということになっちゃうけど、それはそれぞれの居場所だと思う。エレ片を聞いてると、クラスの中の関係性が分かりませんか？　彼らが教室の隅で騒いでる様子が浮かんでくるでしょう。

みんなそれぞれ居場所がある。クラスに居場所がないと感じても、それがその人の居場所なんです。居心地の悪さは、あたりまえ。それはそれでいい。なんだか、エレ片を聞いてると自分にも居場所がある気がしてくる。

ラジオってのは自分がその場に行くような感じって話をしたけど、実際にエレ片のスタジオに行ってみて、実は後悔してます。やっぱり、プロの土俵に丸腰で行くもんじゃない。

またジャンプの話になるけど、「トイレット博士」の中にメタクソ団というチームがあって、エレ片の3人とメタクソ団を僕は勝手にダブらせてるんです。

メタクソ団はその名のとおりいつもめちゃくちゃなんだけど、それを叱らないといけない立場の校長先生が、じつはメタクソ団と一緒に遊びたいと思っているんだよね。僕はそんな感じを貫けばよかった。なにかしらのキャラクターでなければ、あの物語の中に入って行くのは無理です。毎回毎回面白いのに、僕が行ってハズレ回になっちゃったかもなあ。と後悔してます。やっぱり、一ファンとして聞かせてもらっているのが一番楽しい。ファンという距離感が一番いい。クラスの中に面白3人組がいて、彼らのバカ話を近くで聞かせてもらっている感覚。正面から会話に入っていけないけど、面白いなあと思ってクスクスとしながら聞いているのが自分なんだ。

エレ片は硬派なんだ

いつも一人、部屋で聞いてます。

大抵なんか呑んでます。いい気分。ツアー先だったらホテルでワインとか。

　エレ片で「キン肉マン」の話題がでると、お！ってなります。思わず身を乗り出しちゃう。もちろん自宅に全巻そろってるし、いつでも読めるところに置いてあります。あとはだいたいギャグ漫画ばかり。

　子供の頃、土曜日の昼ごはんはお好み焼きが定番でした。近所に何件もあって、共働きの家の子供は百円玉をにぎってそこに集まるんです。焼いてもらってるあいだに、そこに置いてある週間漫画を読むわけだから、長編のストーリーがあるやつより、一話読み切りであははって笑えるギャグ漫画ばかりをひろって読んでた。

　ギャグ漫画って、硬派だよ。女子を寄せ付けないでしょう。モテることへの反発すら感じる。モテてたまるか！（笑）それはエレ片にも通じるものがある。褒めてるつもりなので、怒んないでね。

　男からの絶大な支持をうけるのは、そういうところかな。かっこつけないのがかっこいい。そんなエレ片が好きです。

　ライブも凄いよね。これも僕の勝手な感じ方で、本人にはなかなか言えないけど、子供の頃に熱狂していたコント55号とエレキがかぶるんだ。もちろん本人は意識してないと思うけど、欽ちゃんと二郎さんに見える時がある。そこにもう一つの才能、片桐仁が入った途端、一気にメタクソ団になる。面白いなあ。そして全てを楽しんでるように見える。

　番組だと、放送自体がアフタートークみたいだし、映画のＮＧ集を見ているよう。コントのクオリティーとトークの馬鹿馬鹿しさ。作品を読んだあとのジャンプ放送局の満足感とおんなじ。やっぱりエレ片は少年ジャンプなんですよ。

エレ片が与えたもの

　人間っていろんなものに影響されてできている。楽しく聞いているラジオも、いずれ自分のなにかになるんだと思う。ただ、何になるのかはわからない。ショートケーキを食べても、ケツからショートケーキはでてこない。自分のなかでなにかが起きている。なにかになるんです。

　だから、いつか身になるとかそういうことより、食べた瞬間に、ああ美味しいってのが好き。ラジオも音楽も、楽しいとか心地よいとか。自分の曲作りでも歌詞の意味なんて考えないもん。歌ってみて、口が気持ちいい、体が気持ちいい、心が気持ちいい。そんな感じ。気持ち良いものだけが残ってるような気がする。

　エレ片は気持ちいい、心地いい、楽しい。来週も聞こうって思える。大きな声だして笑っちゃう時もある。最近だったら仁くんの「どこ中」の話（片桐が犬の散歩中に「どこ中だよ」と絡まれ、それ以降息子が父に向かって「どこ中だよ」といじるようになったというエピソード）。あれは声でた。息子の太朗くんにも会ったことあるから余計に面白くて。僕にもあんなに面白いことあったかな？　あ、生きててよかったと思うことがあったら10個ためて番組に送りたいです。

　とにかく、楽しいことがあるって思うだけで楽しいよね。だけど、子供がいる家庭では深夜放送の面白さを子供に教えないほうがいいよ。かるく禁じるくらいのほうがいい。そのほうがこっそり聞く楽しさがあるから。親が隠したがるものを、なんとかして手に入れる。それがまた楽しいんだよ。そしてその経験をたくさんの子供たちが共有できる。いつかエレ片の話で仲間になれる。

　僕の憧れ、エレ片。平成のメタクソ団。団員の証メタクソバッジが欲しかった。ジャンプの懸賞で持ってるやつがうらやましかった。いまでもメタクソ団に入りたい。だけど、どんな役割があるかな。僕なりの居場所は？　思いきって女子？　みんなを注意する生徒会長的なキャラクターで、「ちゃんとしましょうね！」っていつも口うるさいんだけど、ほんとは好きなんだよね。

光サイフォン
抽出してお
宣言
珈琲
待合室

INTERVIEW

峯田和伸

ラジオとあの机の話

性について自分の体を通じて意識しだす時ってありますよね？　思春期の時期とかに。「あ、自分の体ってこうなるんだ」「自分の体からこんなものが出るんだ」と。気がついたらのめり込んじゃった。それまで味わったことのない快感でしたから。

12歳の時に家が改築しまして、机を買ってもらったんです。来年から中学校だってことで、コクヨの学習机を買ってもらいました。成長期に入るんで、レバーを回すと座高に合わせて机の高さが変えられるんです。いい道具だなと思いました。レバーを回して机の高さが変わるっていうのは。

自分の手で自分のアレを触ったことは何回もありましたよ。けどやっぱり、世の中には、もっと気持ちいいものがあると知った。口でやるのが気持ちいいらしいと。でも、相手がいない。

ちょっと、かまそうかと思ってね。

机を最初は高めに設定するんです。そこに自分が入るんです。上向きになって足を両手で抱えた体勢でね。次に片手を伸ばして、レバーを回すんです。そうすると、机が万力の要領でだんだん締まり、体が押しつぶされて、目の前に自分のあれがだん

だん近づいてくるんです。

自分の体は昼間は固いのに、夜の風呂あがりだと柔らかいから。そうすると、どんどん自分の顔に近づいて、そのうちくっついてしまいました。とうとう口の中にあれが入ったんです。これがクセになってしまって60回ぐらいやったんじゃないかな？　ネタかガチかっていうのは聞いているみなさんの想像に任せますよ！

（2017年7月29日放送回より）

昔から深夜ラジオが好きでした。ネットもなかった時代に、家にいる時間は基本的に自分と向き合っていました。ラジオはそれにぴったり。いくつか好きな番組があって、集中して聞く時もあったし、勉強しなが

峯田和伸：1977年山形県生まれ。銀杏BOYZのボーカル＆ギター。1996年、GOING STEADYを結成。2003年銀杏BOYZを結成。同年、映画『アイデン＆ティティ』で主演を務め、役者デビューを果たす。

らかけていたりすることもある。

　基本的にあまり寝ないでも大丈夫な体質で夜ふかしは得意でした。オールナイトで火曜だと電気グルーヴが始まる1時までに勉強を終わらせないとダメだってガーッと勉強をやって、就寝前にラジオに耳を傾ける。4時に寝て7時に起きるのなんて当たり前。こんなに寝ないで大丈夫かなって少し心配もあったんですが、ある日工藤静香さんがラジオで、「私いつも3時間しか寝ないの」って言ってて、そういう人もいるんだって。だいぶ救われました。当時中学生だった俺は、「病気じゃなかった、助かった」って思ったんです。

　オールナイトニッポンは土曜がユーミン、古田新太さん、福山さんも聞いてた。中島みゆきさんとか。あとは「レディクラ」の岸谷五朗さんとか。みんなスケベな話ばかり。

　オールナイトニッポンは二部の方がエロがキツくて楽しかった。エロというものは気がつけば身近にありました。エロ本は友達からもらったり。ビデオもあった。うちは電器屋で、ビデオレンタル始めて。たまに、バイトしているんだけど、その時に店から借りたり、かっぱらったり。レンタルを借りて。適当に持ってきてました。

　隣の街に行けば映画館もあったけど、当時の娯楽の王道といえばやっぱりテレビ。子供の頃から我が家はたけしさん一色で、特にうちのじいちゃんが大ファンで、たけしさんの出てるテレビはほとんど録ってたし、僕は『たけしの挑戦状』も買って必死こいて攻略した。それくらい好きでした。たけしさんが最初に映画を撮ったと知った時もじいちゃんと映画館に観にいきました。

　だから、映画を見たときはびっくりしました。当時は映画の情報があまりなくて、あの人が監督するんだからきっと賑やかで楽しいやつだろうと思ったら全然違った。あまりにショックで、帰り道のじいちゃんはほとんど無言。孫を連れて行く映画じゃなかったってかなり凹んでたんでしょう。

ラジオは突然エロを浴びせられる

テレビは居間にあって、僕の部屋にはラジカセがありました。音楽とラジオが身近にあった。実家が電器屋だったから、ラジカセが店にたくさん並んでて、はたきをかけていた。家電が充実していたので、どんどん機械に詳しくなって、陳列しながら面出ししたり、あのラジカセのなんとも言えない形が好きになりました。お店ではCDレンタルもやってたから、バイトの子にこれいいよって教えてもらったり。

片っ端からテープに録音していました。ませていたし、恵まれていた。エロと出会ったのは小5。学校帰りにいつも立ちよる小さな沼があって大人たちがいつも釣りをしていました。そこが僕たちの遊び場で、だいたいBB弾の入った銃で遊んでいました。その中にちょっと年上のお兄ちゃんがいて、いつも鼻を垂らして坊主頭で、彼が色々と悪い遊びも教えてくれた。

彼がある日、「家に来い」って。それで行ったら、俺たちにビデオを見せてくれたんです。僕と友達が二人呼ばれて、なぜか正座させられて、そしたら、エロビデオを流し始めた。今で言う着エロとAVの中間くらいの比較的ソフトなものだったと思うんですが、女性がずっとアンアン言ってて、彼は僕たち二人の様子を見て、楽しんでいたんだと思います。

男子にとってエロは当たり前のようにあるもの。意外と身近にあるんだけど、意志を持って探さないと辿り着けない。でもラジオから流れてくるエロって自動的に与えられるものでした。今だったらネットでエロを探す場合は自分の好みを検索して探しに行く。でも、ラジオでは突然エロを浴びせられる。当たり前だったし、浴びせられる感覚がいい。自分だけだったら知り得ない情報が突然自分にやってくる感じがたまらなかった。

あっという間に時間が経っていくのが楽しい

僕は色々なものに刺激を受けてきた。高1でセックス・ピストルズのライブビデオをはじめて観た時はこれまで持っていた音楽の倫理観みたいなものが全部壊された。セックス・ピストルズだけは、親と見ちゃダメだと思った。お笑いだったら、ダウンタウンの『ごっつええ感じ』が好きでした。96年にごっつのすごい回があってね。1時間番組がたった1つの企画で終わったことがあったんです。それまでの番組構成だったらパッパとコーナーが切り替わっていたけど、ただひたすら一つのことを突き詰めてこんなに面白くなるんだって思ったんです。

ラジオってそれに近い面白さがあると思うんです。テレビがBPMで190くらいだとすると、ラジオって120くらいで、一向に進まないし、余計な話題も入ってくるけど、それがだんだん心地よくなってくる。エレ片の番組に呼ばれた時も、偉そうに聞こえたら申し訳ないんですが、全く一向に話が進まない。「今日はよく来てくれました」って言われて、そこから世間話で20分経っている。これって僕が思うラジオの理想なんですよね。一つ目の質問の前に、与太話がたくさん入って、あっという間に時間が経っていくのが楽しい。

トークにおいてどんなシチュエーションが時間を忘れさせてくれるかを考えてた時、一番強いのは立ち話だと思うんです。久しぶりに道端で友達に会って、「おう久しぶり」「何やってんの」「へえ」「コーヒー飲みに行こうか」って止めどなく話し込む。それがラジオとして魅力的な番組だと思う。どうでもいい話の中に1割くらいテーマに沿った話があればいいかなって。

やついさんとは「俺たちモテないね」って話ばかり

エレ片に呼ばれる時は、だいたい収録の1週間前にやついさんと会って近況報告をします。「最近こんなやばいことあってさ」って相談すると放送で話を振ってくれます。

二人で話すときはだいたいエロ話をしているんですけど、放送当日に選ばれるのは、ただエロいだけじゃなくて、映画的だったり音楽性のある話だったりする。「この間女の子がいる店に行ったら、ついた子があるバンドのファンで、ボーカルとやったことあるのが自慢で、ツアー遠征の移動代と宿泊費を稼ぐためにそこで働いているんだよ」って。こういう話って面白いけど、音楽雑誌のインタビューやテレビだと言えない。でも、楽しい。なぜかって考えたら、ロックって決して海の向こうの話じゃなくて、人間の生活に根付いていると思うから。賃金だったり働き方を含めて自分たちの話なんだって、僕の話を理解してくれる人がいるかもしれない。

もちろんそんな立派な目的を持っ

ていつも話しているわけじゃないけど、やついさんも僕もふざけた話にコーティングしているけど、実は真面目なんだよなって互いにわかっている。だからそんなネタでもラジオで話すことができるんです。

やついさんと遊ぶ時はいつも「俺たちモテないね」って話ばかり。共演している人と連絡先を交換してきない。僕はやついさんを、やついさんは僕を「なんでもっといかないの」って責める。「DJやってるんだからモテそうじゃん」「ドラマの共演者なんか簡単でしょう」って。今思うと、思春期も同じような会話をしていた気がするんです。

普段でも収録でも言うことが変わらない3人だからかっこいい

ミュージシャンの中にはステージの上のキャラのまま行ける人もいれば、そうじゃない人もいて、自分は後者。ライブは30分前にトイレに籠ってスイッチを入れる。そうしないとステージに立てない。やついさんもきっと同じだと思う。

エレ片でいつもエロ話をするのはそれ以外話せないから。色々と切り捨てた結果、ラジオで話せるのがエロだったということ。真面目な話なんてできるわけないし、真面目な話を偉そうに公共の電波に乗せるやつなんて信じられない。真面目なふりして、頭いいなとか、かっこいいなって思われたくもない。ふとした瞬間に、まともなことを言ってしまったりすると、「僕ってダメだな」と思ってヘコみます。僕という人間はどこまでもふざけていたいから。

ステージは目の前に客がいるけどラジオはブースにいて聞いている人の顔は見えない。ラジオは目の前のMCと喋ってる感覚でいつもやっています。おそらく一人では何も喋れないと思う。仲間同士の会話が届けばいいなって思っています。

目の前にマイクがあると、期待に応えたい気持ちになる人もいるかもしれないけど、僕はマイクがあってもなくても、たとえ誰かに盗み聞きされてもいいどうでもいいことを常に喋ろうと思っています。マイクがあるからって、自分の見せ方を変えないのがプロだと思う。あの3人は普段でも収録でも言うことが変わらない。やっぱりエレ片はかっこいいですよね。

心の中に隠していたことを話せる安心感

エレ片ファンによく思っていただ

けてるんだとしたら、いくつになってもオナニーの話ができるからでしょうね。あのコクヨの机は僕が高校を卒業して、進学で東京に出たあとは弟が、弟が使わなくなったら、今度は妹が使ってました。この前実家に帰ったら、まだありましたよ。あの話も、人間って大人になって振返ると、色々とやばいことやってたよね。ずっと忘れてたけど、なにかの弾みでふと思い出す。そういう思い出ってみんなあると思うんです。普段はフタをしていたことを思い出して、僕ってやばいなと思いながら、それを友人にふざけながら言うのって、意外と勇気がいる。

こういう話って、引かれてしまうことも多い。ドラマの撮影現場で、役者さんたちと喫煙所で喋っていて、そこでグルーヴが生まれて、思わずあの話をしたら、そこから目を合わせてくれなくなった。

でも、エレ片の3人は面白がってくれた。自分が心の中に隠していたことを話せる安心感があの番組にはある。深夜ラジオという場はそれに相応しいんでしょう。

あの番組は15年も続いたんですか。銀杏BOYZは2003年に結成してファーストアルバムを出したのが2005年。僕たちも長く続けている感じはあまりしない。

なんでそんなに長くやってきたかというと、やめるのが面倒くさいから。前のバンドをやめたときに面倒が多かったから続けているだけ。結婚したことないからわからないけど、互いに浮気をして好き嫌いを超えて結婚生活を続ける人もいれば、子供がいるから別れられないという人もいる。僕も音楽と結婚している感じ。お金や手続きが面倒くさいから一緒にいる。

僕が音楽と離れられないのと同じで、あの3人もラジオから離れられない人なんじゃないかなって思うんです。

INTERVIEW

清野とおる

3人に何かあったら、僕が困る

20代の頃、家で仕事するときは常にラジオをつけっぱなしでしたね。ラジオ流しながら明け方まで原稿を描いていました。

ある日、TBSの何らかの深夜番組を聴いていた時に、ガチャガチャっとした賑やかで自虐的なエレ片のCMが流れて気になったのを覚えています。

2011年くらいからエレ片を本格的に聴くようになりました。

仕事中に流すラジオはTBSばかり。ラジオは作業中のBGMのようなもので、無音よりもラジオから音が流れているほうが集中できるんですよね。数年前までいたアシスタントのおじさんもTBSラジオが大好きな方で、仕事中も常にイヤホンでラジオを聴いている。用事があって声をかけても、全然気づいてくれない。手で肩に触れると「ぎゃあ」と悲鳴を上げて驚いてようやく気付いてくれる。一体どれだけの音量で聴いてるんだよ、って。今でも漫画を描きながらTBSラジオを聴いていると、彼のことを思い出しますね。

10代の頃はドリアン助川さん（叫ぶ詩人の会）の「正義のラジオ！ジャンベルジャン！」（ニッポン放送）も毎週聴いていました。若者からの人生相談のコーナーが人気で、ドリアンさんがたまにキレるんですよ。相談者も、わざとだろってくらい怒らせるようなことを言う。「あちゃあ、これはキレる流れだな」って思うとまんまとキレる。その不穏な空気をいつも楽しみにしていました。生放送だったと思うんですが、その頃からラジオでのハプニングが大好物でしたね。大人になった今でも、何が起きるかわからないとワクワクしてしまう。あの頃はまだ高校生だったし、ラジオってとにかく刺激的で面白いなと思っていました。

ラジオの醍醐味

しっかりとラジオにハマっていると言えるようになったのは、やはり伊集院さんでした。高1の時だったんですけど、隣の席の悪友から「アップス（UP'S ～Ultra Performer's radio～ JUNKの前身）」を勧められまして。なにやら面白いラジオが始まったぞ、って。そこからTBSラジオの他の番組を聴き漁るようになって、気がついたら「TBSの耳」になっていました。なんというか安心感があるんですよね。CMの雰囲気もこみで、耳心地が良い。落ち着く。

名前も顔も知らない人のしゃべりに、気がついたら引き込まれているのもラジオの醍醐味だと思います。

僕が学生の頃はまだ、ネットがほとんど普及してない時代でしたから、一体何者なんだろうって人がラジオで喋っていても調べようがない。どこの誰だかわからない。しばらく聴くうち、「この人、面白いじゃないか」ってハマっていく。顔も年齢も職業も知らないままファンになって、気がついたら放送が終わってしまう。最近になってふとネットで調べて、「ああ、こういう人だったんだ」ってしみじみするパターンもありますね。

当時、聞いたこともないミュージシャンがやってた深夜ラジオに某有名女優さんがゲストで出たことがあったんですね。深夜も深夜、ド深夜の3時放送スタートの。なんでそんな番組に当時の超人気女優が出たのかわからないけど、パーソナリティの男がここぞとばかりに下ネタをぶつけるんですよ。「お風呂に入ったらどこから洗うんですか?」「やっぱりあそこを広げて洗うんですか?」とか。すると女優さんは気分を害したのかずっと無言でね。生で「放送事故」をキャッチした時はやっぱり興奮しましたね。その番組は間もなく打ち切りになってました(笑)今調べたら、そのパーソナリティの方、ツイッターやってますね。フォロワ14000人ちょっと。フォローしようかなあ。

偶然が重なって辿り着く

20代から30代にかけて漫画の仕事で食っていけるようになった時期とリンクするように、エレ片の放送日が土曜になって、ガッツリ聴くようになりました。

ここ最近は曜日感覚を大事にしたいので、土日は仕事をセーブするようにしてます。曜日感覚を大事にしたい、というよりサラリーマンがうらやましいのかもしれません。金曜の夜になったらみんなウキウキしだすじゃないですか。あれが楽しそうだなって。

エレ片を聴く時は「自宅で一人」が基本スタイル。間接照明で部屋を薄暗くして、濃い目の米焼酎水割り

清野とおる:1980年東京都生まれ。漫画家。代表作に『東京都北区赤羽』シリーズ、『その「おこだわり」、俺にもくれよ!!』など。最新刊『東京怪奇酒』(全2巻)は、2021年2月にドラマ化。現在「コミックDAYS」にて『さよならキャンドル』を連載中。

なんぞチビチビやったりして。目を瞑って3人のトークに耳を傾けると、薄暗い部屋にエレ片の世界が鮮明に広がっていく……。贅沢で幸せな時間です。そうやって「ながら聴き」することもあれば、まだ眠くもないのに布団に潜り込んで部屋を暗くして、聴くことだけに集中するのもまた、贅沢で幸せな時間ですね。

　聴き始めた当時は、まだラジコもなくて気軽に聴き直せる時代ではなかったので、録音専用の機械も買いました。重厚感のある見た目で今でも形ははっきり覚えているんだけど、それにどんどん録音していました。（編集注・オリンパスラジオサーバ1.37GB録音可能。定価3万円）。こんな魔法みたいに便利な機械があるってことも確かTBSの通販で知ったと思います。今となっては魔法でも便利でもないんですけど（笑）

ラジオサーバー

　僕がラジオに何を求めるかといったらやっぱり場末感ですよね。強い意志を持って聴くものでなく、たまたまつけていて出会う、そこからだんだんハマっていく流れが好き。たまたま行った場末の店で知り合った人の話が面白かったみたいな。自分が見つけたんだぞという満足感もあります。

　今の時代は検索して自分から情報を取りに行きますよね。そっちの方が効率的だけど、通りすがりの会話が耳に入るような感覚はやっぱり楽しい。ラジオって偶然が重なってようやく辿り着ける場所だと思うんです。

居心地の良いサブカル感

　個人的な意見ですが、ラジオを愛してやまないのは学生時代、スクールカーストの「中」よりも下の方で、どこにも居場所を見出せずくすぶっていた人間が多いんじゃないかなと思います。まさに僕がそうでしたけど、希望を見出せず、絶望的な青春を送っている糞人間が、自分以外にもこんなにたくさんいたんだという安心感をラジオを聴いてて感じられた。「はきだめ」「吹き溜まり」というとあれですが、似たような人が集まるのが居心地良かったんですよね。そして、パーソナリティを通して、強い連帯感が生まれていく。ネットのない時代の心の拠り所でしたね。

　エレ片の3人は三者三様で素晴らしいバランスですよね。聴き始めた当初は、まず、やついさん面白いなーって感動しました。やついさんの流れるようなエピソードトークはとにかくすごい。一瞬で情景が浮かんで、そこに引き込まれる。それと、ご自身主催のイベントの集客率が悪い時の、やついさんの必死の呼びかけが大好き。すぐにでも応援したいけど、その様子をもっと見たい自分もいる（笑）そしてツッコミの天才今立さん。刀のように鋭いツッコミや、おもしろすぎる比喩を言われますよね。戦慄するくらい上手いことを言う。もっと世界的に評価されていい人だと思う。そして、唯一無二の絶対的な個性、片桐さん。「それ言っちゃうんだ」ってことをポロッとこぼして、それに対して2人が引くという流れが大好きです。教師や親への積年の恨み節を、オブラートに包まず本気のテンションでぶちまける片桐さんも面白すぎて、もう好感しかありません（笑）

エレ片は僕が学生だった頃、ネットが発展していない時代の居心地の良いサブカル感が唯一残っている番組かもしれませんね。

ドッペルゲンガーとかのオカルト話や怪談も深夜ラジオぽくて面白いですよね。ラジオは一人で聴いている人が多いから、怖い話が流れると離脱しちゃうことも多いのであまりやらないと聞きますが、僕は怖い話が大好きだから、バカ話の流れで怪談がくるとラッキーって思います。いろんな媒体であらゆる怪談を聴きまくってる僕でも、彼らの話はオッと思う。リアルで生々しくて、怪談に特化していないはずの3人が、一級の怪談に仕立てていくのがすごい。ライブでのみ公開されたドッペルゲンガーの秘蔵VTRにはひっくり返りました（笑）

男子校のノリに感じる
エレ片へのシンパシー

3人のフリートークの歯車がガチっと噛み合って神がかる瞬間はいいものを聴いたって思えます。「エレ片を歌わせよう」のきっかけになったフリートークなんかめちゃくちゃ面白かった。些細な落雪が、やがて大きな雪崩になっていくようなあの感じ。ラジオを聴きながら一体感を感じましたし、声に出して「バカだな」と言った覚えがあります。大人になってから日常生活で声に出して「バカだなあ」って言う機会ってそうそうないでしょう。あの3人の話を聴いていると、高校時代を思い出します。男子校だったので、休み時間に気の合う仲間と3人ぐらいで集まって、先生やカースト上位の奴らの悪口を言う。聞かれたら八つ裂きにされかねないことをヒソヒソやるのは楽しかった。エレ片へのシンパシーを感じるのは男子校のノリがあるところ。僕の高校は校則厳しめで、やっちゃいけないことだらけでした。その中で、髪型や服装とか、ちょっとだけはみ出したことをするのが楽しかった。それがエレ片と似ているんです。規則の範囲内でギリギリで遊ぶのが楽しい。本当にヤバかったら放送にのらないですよね。

たとえるなら、彼ら3人は高校のクラスにいる同じ中学からきた仲良し3人組で、僕は彼らの輪に混ざりたいけど混ざれない、違う中学の奴。エレ片3人の声は大きいから、会話が自然と耳に入ってくる。楽しそうだなあ、仲間に入りたいなあ、でもこのくらいの距離で盗み聞きしてるのも心地良いなあ……みたいな。本当のワルではない3人組の雰囲気にも共感できるんだと思います。

「俺はエレ片を知ってるんだぞ」って言えるような番組でい続けてほしい

昔はラジオにハガキを送ったこともあるんですが、採用された記憶はないですね。今から本気で狙ったら採用されるかなって思うことはありますけど、採用されなかったらショックで立ちなおれないからやめておきます（笑）。

ハガキ職人の方たちは、性格の悪さをちゃんと前面に出して、笑いに変えている。溜まり溜まったものを書き連ねてネタに昇華させているのがすごい。自分の中のドロドロとした一面だったり、衝動だったりを「エレ片」にぶつけている。きっと、僕が漫画に注ぐのと同じくらいの情熱を注いでいるんだと思う。僕なんぞが対抗できるわけがない。

これは僕の勝手な希望ですが、お三方にはこれからも今ぐらいの場末感をキープしつつ、「俺はエレ片を知ってるんだぞ」って言えるような番組でい続けてほしいです。そして何より、病気や事故や事件には気をつけてほしいですね。馴染みのラジオパーソナリティに何か不幸があると、日常が破壊されるような、すごいダメージを受けてしまうんです。世間でどんな大きい事件や事故や疫病とかが起きても基本へっちゃらだけど、ことラジオに関してはダメ。3人に何かがあったら僕が困るので、いついつまでも無病息災で長生きしていてほしいと切に願っています。

INTERVIEW

おくまん

3人はスーパースター

エレ片のお三方が僕の結婚式に出席してくれた日の話をさせてくださ い。司会は今立さんで、やついさんはスピーチをしてくれました。エレキのお二方がマイクを持つと怖い顔をした親戚のおじさんも大爆笑。仁さんはテルミンの演奏で盛り上げてくれました。お見送りの時に、酔っ払った親戚たちは新郎の僕のところに来て、「あの人たちはすごいな」って。あの3人は知らない場の空気でも一瞬にして味方に変えてしまう力を持ったスーパースターなんです。

やついさんと今立さんは大学の落研の先輩で、仁さんと初めて会ったのも学生時代。アマチュアのお笑いの大会でラーメンズが審査員をやっていた時にエントリーしていました。

そして、卒業後に運良く大手事務所に所属が決まったんですが、お笑い部門が解散になってしまって無所属になり、フリーターのような生活を送るようになりました。

そのころの僕は、朝から晩までやついさんの家に入り浸って、ずっと三国志のゲームをやっていました。やついさんが仕事で家に居ない時には、僕が代わりにゲームを進めることになっていたのですが、時々電話がかかってきて「漢中の米相場はいくらだ？　よし！　それなら売りだ！」って、FX取引のはしりみたいなこともやっていました。

そんな生活を半年くらい続けたある日、真面目な顔をしたやついさんに「お前これからどうすんだ」って言われたんです。「ピンでやるのか、コンビを組むのか、いますぐそれを決めなさい。決めないならお笑いをやめるという選択肢もあるんだよ」って。「そのうちやります」って口だけで何もしない僕に対して我慢の限界だったんでしょう。

結果、すぐその場で相方に電話をしてコンビを組むことになり、カオポイントというコンビ名もつけてもらいました。

やついさんはいい加減なように見えますけど、締めるとこはぎゅっと締めてくれるんです。普段は言わないけど、ピンチになった時は、パチンと目が覚めるようなアドバイスをくれます。やついさんは緻密で繊細でやさしい人。だからあの人の周りには人がどんどん集まってくる。三国志でいうところの劉備玄徳的な存在ですよね。

勇気をくれた やついさんの一言

コンビ結成して13年後。相方と解散が決まって、二人で飲みに行った時のこと。「お前には野球という得意分野があってよかったな」ってボソッと言ってくれたのを覚えています。自分の好きを伸ばせば新しい道が見えるよと教えてくれたんです。

あの一言は間違いなく僕に勇気を与えてくれました。今、僕がこうして芸人をやれているのも、あの時のやついさんの一言があったからこそです。

おくまん：1978年東京都生まれ。2003年、大学の後輩にあたる石橋哲也とお笑いコンビ・カオポイントを結成。2015年解散し、以降はピン芸人として活動。エレキコミックは大学・事務所の先輩にあたる。

今立さんは昭和の芸人です。「宵越しの金は持たない」を地でいく人。酔っぱらったらすぐに1万円を払うし、払ったことをすぐに忘れて何度も払おうとする。そして最後には「財布に金がないぞ、まあいいか」って。大事な約束するなら飲み会の時にどうぞ。何しろ覚えてないので。うんうんってすぐにOKしてくれます。でも、その約束自体も忘れている可能性大ですけど（笑）

仁さんは子供みたいに素直で、とにかくやさしい人。2019年の8月に、三茶の喫茶店に仁さんを呼び出したことがありました。実はその月に子供が生まれる予定だったのですが、仁さんにはまだ報告してなかったんですね。そしたら今立さんに、「仁に言ったか？　ちゃんと話しておかないとすごい怒るぞ」って言われて慌てて電話をしました。

普段あまり接点のない僕から呼び出されたもんですから、仁さんは開口一番「芸人やめるの？」って。「いえいえ実は子供がもうすぐ生まれるんです」と話したら、「おめでとうー！」と自分のことのようにすごく喜んでくれたのを覚えています。「よかったじゃん……え、それだけ？」みたいな空気になったんですが、その時に仁さんとはじめていろんな話が出来てすごく嬉しかったんです。

その半月後にやついさんと今立さんとエレキ学園修学旅行でムーミンパークに行きました、集合時間にバスの前で待っていると、やついさんがムーミンのぬいぐるみを「はい」って手渡してくれたんです。ぶっきらぼうに「お前にじゃねえぞ」って。今でもそのぬいぐるみは息子の大のお気に入りです。

エレキは元中日の井端であり、長嶋茂雄でもある

あの3人の世界観は誰にも真似できないと思います。エレ片のバランスって本当に凄いです。すぐに2対1になるあの構図が大好きなんですよね。しつこいくらいに何度も繰り返して笑いを増幅させるのが最高なんですよー。とにかく圧倒的な面白さです。

そしてエレキのお二人が凄いのはお客さんとの信頼構築の素早さです。修学旅行でも普通のおじさんとか、

おとなしそうな子に絶妙なあだ名をつけてあっという間にスターにしちゃう。これはもう魔法ですよね。

僕は浅草の舞台に定期的に立っているんですが、お客さんいじりって本当に難しいと思います。信頼関係がないとできないし、その人が少しでも嫌な気持ちになったら台無し。だけど、エレキの二人はその人を絶対に笑わせちゃう。きっと瞬時にすごい相手の観察をしているんだと思うんです。

「うんこ」「ちんこ」を連発するのだって、すごい簡単そうに見えますけど、エレキにしかできないですよね。難しいことをやっているのに、それを簡単に見せてしまうのが本当にかっこいいんです。

野球にたとえるなら、元中日の井端選手みたいに難しい打球をいとも簡単に処理する一方で、なんてことないエピソードも長嶋茂雄さんみたいに華麗に膨らませて一大エンターテイメントにすることもできる。本当にすごすぎますよ!!

番組以外で3人が揃うのを見るのって、事務所の忘年会や新年会くらいしかないんですね。最初に社長が挨拶をすると、やついさんが目の前でボロクソ言うのがお約束。そのうちやついさんが社長の股間をさわりに行こうとすると、止めるふりして火に油を注いであおるのが今立さん。それを隅っこでずっと笑って見ているのが仁さん。エレキの二人がワイワイする様子を見ているのが楽しいんでしょうね。

月並みですけど、エレ片のお三方には長生きしてもらいたいですね。あの感じを60歳までやってもらいたい。ファンも僕もいつまでもわいわいやってる3人が見ていたいんです。

INTERVIEW

ゲッターズ飯田

3人が奏でる特殊な不協和音

もともとお笑い芸人を志していました。名古屋にある大学のお笑いサークルに所属し、中部では面白いって言われていた団体にいました。自分は面白いと信じていたんですよね。

ある時、新聞を見て、学生のお笑い大会があることを知りました。ネットが普及していない時代ですから、どんな大会かもわからなかったけど、出たいって思ったんです。事務所に電話をかけたら、大会を仕切っていた須山さんが出て、参考までにと過去の映像を送ってくれたんです。数日後、手元に届いたのが、まさにやついさんが優勝した大会のビデオでした。

ビデオを再生した瞬間、圧倒されました。とにかく、めちゃくちゃ面白かった。当時の僕は相当なお笑いマニアであらゆるお笑いを見てきたつもりだったから、この人たちは本当に学生なのか。実はプロなんじゃないかって思うくらい、とにかく勢いがあった。

結果はやついさんの本（『それこそ青春というやつなのだろうな』）にも書いてありますが、やついさんと今立さんたちが所属する大学が他の大学をなぎ倒していくんです。同じ大学生がこんなに面白くなれるんだってことが衝撃でした。

画面の中で躍動する彼らの詳しい情報もなく誰が誰だかわからないけど、画面を見ていて、気がついたのは「こいつがリーダーに違いない」ということでした。圧倒的な存在感で、全てを面白くしている彼に釘付けになったんです。それがやついいちろうでした。

「手伝ってよ」の一言から始まった

大学を出た僕は吉本に入りました。別々のコンビだったやついさんと今立さんは、二人でエレキコミックを結成します。そのあとNHKの新人大会で優勝したのを知ったときに思ったのは、「俺って見る目があるな」ということ。大学時代から占いはやっていたけどこれは直感的なものですよね。「面白い」ということを説明するのが難しいんです。

オンエアバトルでやついさんたちにようやく会うことができました。僕にとっては憧れの人だから、「昔から見てました」って言ったら「へえ」って興味のなさそうな顔をするんです。今でもあの時の話をすると、「殺してやるみたいな顔で近づいてきて初対面のくせに態度が悪かった」て言われる。当時はみんな尖っていたから、そう見えたのかもしれません。その後、「F2-X」という番組の前説をやっていた時、やついさんがゲストで来ました。久しぶりに話した時、「占いできるんだよね。今度ラジオをやるから何か手伝ってよ」って言われたのが、親しくなったきっかけでした。聞けばラジオは半年しかやらない予定だけど、公演も含めて仕掛けるから、その舞台の幕間で流すVTRに出てほしいということで、やついの嫁探し、仁さんの家の風水などで参加させてもらいました。

番組開始当時はエレキの運気は悪くありませんでした。あとは当時の担当Dの運気がとにかく良かった。だから「この番組は続きますよ」ってやついさんに言いました。仁さんの運気だけ微妙だったんですよね。なんでこんなことやってんだろうって感じが出てた。おそらく仁さん的には意外な仕事だったのかもしれませんし、エレキもスタッフも運気が良くて。まさかのまさかで、半年だって言われてたのが15年続いたんです。

「バカなふりがうまい」

その後はご存じのように、聴取率

の数字もそうだけど。ライブで客を集めるというかつてない仕組みを作りました。自分たちが番組スポンサーになったようなもんですよね。今では当たり前かもしれないけど、当時はとても画期的なことだったんです。

そもそもやついさんは革命を起こす強い星を持っているんです。仁さんも今立さんもその星を持っている。革命とはニュースタイルのこと。今までと違う道で行けないんだったら裏道でもいいし、違うルートを探すのがいい。彼らは道が一つじゃないって知っているんです。新しい道ができればそこは空いてるだろうし、誰とも喧嘩にならない。この番組が長く続いた理由はそこにあると思う。

個性的な3人がなぜ喧嘩にならないのか。それはやついさんの持っているパワーが圧倒的だからです。引っ張っていく人がいるから、二人は安心できる。3人いてやついさんがガキ大将みたいな立ち位置だけど、わざと格下を演じることもできる。

ある時、タクシーに乗っていたらドライバーさんが「JUNK」を聞いてたんですね。ラジオが好きなんですかって話しかけたのをきっかけにラジオ話で盛り上がりました。運転手さんは中でもJUNKがお気に入りのようで、伊集院さんとかいろんな名前が出てくるんですが、3人の名前は出てこない。「エレ片はどうですか?」と聞いたら「彼らはインテリなんだよね」って。運転手さん曰く、彼らはバカなふりがとてもうまいと。それを聞いた時になるほどって思ったんです。ファンというのは自分に似た人にしか基本的にはつかない。だからエレ片リスナーはきっと真面目でインテリが多いのかもしれない。ファンの質はいいし、金銭的にも余裕があるから公演に足を運んでくれる。

彼らは、エレ片の笑いが好きな層にきちんとアプローチしたんです。エレ片の3人はルール説明が上手い。僕たちはこうなんですよって。面白いルールと仕組みを作るのが上手。僕たちはこれが面白いんだよっていうのを提示し続けてくれる。ファンを選ぶかもしれないけど、一回乗っかればずっと面白がれる。だからファンはずっと応援を続けるんです。

哲学者やついいちろう

やついさんとは引っ越して家が近くなってから、グッと距離が近づきました。夜中に電話かかってきて何かと思えば「暇?」って。僕はやついさんから電話がきたら深夜でも動くから、「飯田は何時でも起きてるんだね」って言われたことがあります。おくまんがダメなら飯田という順番で電話がかかってきて、よく飲み歩きましたね。

やついさんは人を乗せるのが上手。なんと言ってもＤＪだから。あの人は、探り探りがうまい。無礼なようでいて、すごく気を遣っている。静かに最初は様子を見ているんです。だから舞台でもバスツアーでも客いじりが天才的にうまい。分析能力、加減が絶妙なんですよね。だからお客さんは自分も一緒に作品作りに参加した気がして満足して帰ってくれる。

僕の好きなやついさんの言葉があります。「90歳の自分がやれっていうなら俺はやる」。自分は10年後の自分を想像して動くことを信条にしています。10年後の自分がやれと言ったらやる。僕は10年先だけどやついさんは90歳の自分を見据えている。その話を聞いたときに、似ているなって思った。

僕はやついさんは哲学者だと思っています。あの人は生き方論がしっかりしている。近くにいる人たちはそれに影響を受ける。僕たちはやついイズムで生きている。例えば、面倒な人と飲みにいく時を考えて、面倒だからその人の横の席が空いてるわけです。その時やついいちろうだったらどうするだろう、きっとそこに座るだろう。そう思えたら自分はその席に喜んで座ります。「面倒だな」って思った瞬間に、やついさんならどう判断するのかなって考える。やついさんの目線で人生を見ると楽しくなるんです。

今はやついさんのことを友達だと思っています。今みたいな関係になれたのは本当に光栄なこと。ダウンタウン、とんねるずに憧れてお笑いを始める人が多い世界で、僕が最初に尊敬の念を抱いたのはやついさんですからね。他校の学生たちをなぎ倒していく姿は格好良かったな。僕は別の道があるから。お笑いの世界ではやついさんをサポートできれば十分だなって思うんです。

面白さと才能と情熱を兼ね備えている3人

占い的な視点から見ると、やついさんは楽しいことを探してる人。占い以外で学びがたくさんある人。や

ついさんは占いとわざわざ逆のことをする人。占い師としては面白い人だなって。ひねくれてるのは最初からわかっているけど、見ていて面白い。そして才能の人。才能しか感じない。だけどお金の管理ができない穴埋めしてくれる人をどう探すかが課題でしょう。

　今立さんは飄々としている、真面目で緊張しやすい。ラジオだと強いのに、テレビだとなぜか結果を残せなかったり、わかりやすい人。緊張するのって別に悪いことじゃないんです。芸能人のオーラや威厳って実は緊張だったりもする。緊張する人って、自分をよく見せたがったり、

持っている全部を出したがるけど、今立さんにはそれがない。今立さんは、真面目と努力で3人のバランサーになっている。マイペースで着実だから信頼される。だけどそれが彼の壁でもある。そこをとりはらえば、どこまでもいく。

　仁さんは変わり者。空気が読めないし計算ができない子供タイプ。でもサービス精神がある。人を楽しませたいのに、空気が読めない。普通その二つは併存しないんですが、だから独特なんでしょう。でも仁さんが一番人生の運を持っている。やつい・今立が1だとしたら10は持っている。

　3人の特徴は、みんな負けず嫌いじゃないということ。そこそこ譲っているのは、互いをリスペクトしているから。

　僕は本が売れて（270万部）も、笑いでは努力で超えられない壁があるのを知った。才能というものの残酷さを知った。あの3人のすごいのは、面白さと才能と情熱を兼ね備えているんです。面白いもの作りたい、もっと面白くしたいと思っている。「エレ片のコント太郎」が15年も続いた理由は、3人の奏でる特殊な不協和音ですよね。お笑いって色々あるじゃんということを私たちに提供してくれた。小さな事務所とラジオというメディアで、彼らの笑いにハマるゾーンを上手に拾った。本線じゃないところをひた走る3人の姿に僕はいつも勇気をもらうんです。

ゲッターズ飯田：1975年静岡県生まれ。芸能界最強の占い師として多くのメディアに出演中。代表的な著作に『ゲッターズ飯田の金持ち風水』『ゲッターズ飯田の裏運気の超え方』『開運レッスン』など。

第二章

スタッフの証言

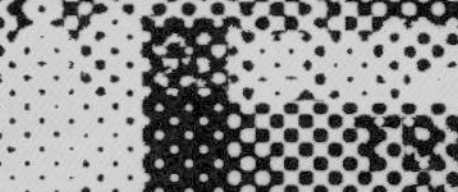

WITNESS

P兼D兼AD兼雑務 島田しまお

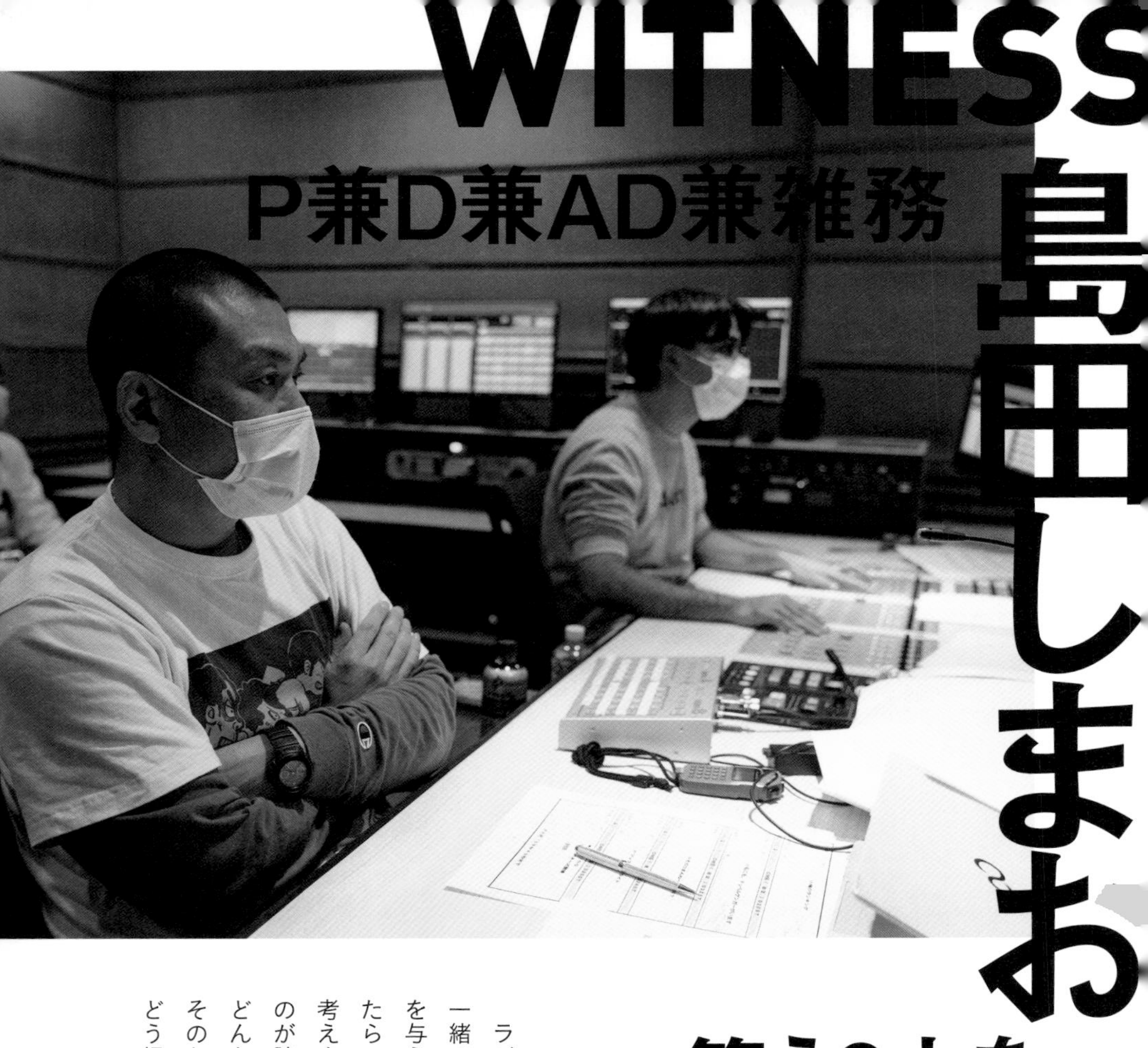

笑う3人を一番近くで見れる幸せ

ラジオのディレクターは料理人と一緒です。番組にもよるけど、素材を与えられて、どうやって手を加えたら一番いい状態で提供できるかを考えます。素材の持つ個性を活かすのが腕の見せ所。まずリサーチして、どんなものを放送に乗せるかを考え、そのための素材を集めて、準備して、どう提供するかまでを考えます。お客さん（リスナー）のリアルな声を吸い上げることも求められます。

エレ片の3人はどんなネタも彼らなりの視点で掘り下げることで、あっという間に違う魅力を引き出してくれる。そして一瞬のうちにコロコロと主役が変わるので、耳が離せない。素材としては当たり前ですが超一流です。3人の掛け合いのライブ感こそが番組の魅力だと思っています。

放送開始から数年は放送前の打ち合わせもしっかりとやっていました。スタジオとは別の部屋を用意してスタッフと顔をつき合わせてやっていたけど、だんだん打ち合わせ自体がなくなりました。これって番組によってまったくスタイルは違って正解はなくて、事前に三回打ち合わせやる人もいる。とあるパーソナリティは6時間もやると聞きます。綿密に構成がきまっている番組は、「これとこれを話すから、これをつなぐようなネタをもってきて」と綿密に打ち合わせをします。パーソナリティが一人だと、しっかり決めておかないと間がもたないというのもあります。

最初の頃は彼らにとっても初めての番組ですから、3時間くらい打ち合わせをやっていた。「コント太郎」というくらいですから。最初はコントを録音してオンエアしていたんです。コントを軸に据えた番組作りをして、同時に「コントライブ」で放送外収益をあげる目的がありました。

でも、そのままのスタイルで番組を続けることに限界を感じて、やがて番組はトーク中心に変わっていきました。3人には大まかな流れだけを説明します。最低限の段取りさえ事前に教えておけば、本番で顔合わせをした時に、学校の放課後みたいな会話が弾ける男子ノリできるんじゃないかって。そして、実際にそれが面白かった。

やついは意地悪だった

僕の話で恐縮ですが、初代Dから「番組を立ち上げるから手伝って」と言われて番組に関わりました。当時は世間的にはラーメンズが圧倒的に有名でしたよね。マックのCMにも出ていたんじゃなかったっけ。個人的にはエレキの方がよく知っていました。オンバトはもちろん見ていたし、エレキのくだらな〜いネタが好きでした。あとはやついさんの芸人らしい見た目がインパクトが強かったから。

3人と初めて顔合わせをした時、やついさんはとにかくこわいなって思いました。

やついさん、初対面の時に、素人の僕相手にトークを仕掛けてきたんです。「これを面白くしてみろ」という雰囲気を感じて、思わずその流れに乗っかった、「ふーん」という感じでさっと引くんです。そして、「もういいよ」って。

「うわあ、やりづらいなあ」っての が第一印象でした。やついさんってちょっと意地悪ないじり方をするんですね。素人のいじり方も容赦ない時がある。それがなんともいえない味わいだったりするし、その先に大爆笑が待ってたりする。やついさんのいじりは、笑いのプロセスでしかないけど、それがわかるのはまだ先のこと。

今立さんはやさしいです。でもね、今はその評価は逆転しました。やついさんの方が人との接点をもってくれるから、ある意味やさしいんじゃないかって。孤高で天才肌の今立さんのほうがこわいって思うことがあります。

お酒に誘うと必ずきてくれるのは今立さん。「仕事の話がある」といえば必ず来てくれる（笑）。去年、僕はエレ片の取材に来てくれた人と結婚したんですが、その報告が遅れたらめちゃくちゃ怒ってました。

仁さんはよく変わっているって思われるけど、いちばんまともですよ。根っこがやさしいしずっと変わらない。だから最初はエレキの二人と番組をすることで苦労したと思いますよ。

仁さんは普通って言ったけど、やっぱり変わってるかも。エレ片はむかし生放送だったんですが、放送前からずっと自分の作品を作っていて、彫刻刀で削った木でブースは木屑だらけ。放送がおわった深夜4時くらいにはもっとひどくなっていた。たまらず当時のマネージャー須山さんが注意したら「ああ、すんません」って。マイペースなのはいいけど、少しは片付けてよって思いました。あとはトイレで隣になった時に、肩をぱーんてたたくのやめて欲しいです。飛び散るから。

最初はやりづらかったけど、エレ片の3人が30代中盤を過ぎたあたりから、キャッチボールができるようになった。やついさんと時々飲みに行くけど、どれだけ親しくなったつもりでも、急に距離を感じたりする。飲んででも酔えないんです。

エレ片のたどった道

仁さんは少年時代に先輩からカツアゲくらったとか、バカにされたとか、少年時代のことがトラウマとして残っていて、いまだにふとした拍子に顔を出す。それをエレキがどんどん広げていくのがやっぱり聞いていて面白い。モテなかったり、成人式のときに羽織袴でいったけど誰からも話しかけられなかったとか、ツラいエピソードがリスナーの共感を呼ぶんでしょうね。

彼らの魅力は、誰もが持っている、器の小ささや、姑息な気持ちの動きを開けっ広げに語れること。ヤンキーだろうが、真面目な優等生だろうが、誰もが持っているちっぽけなカッコ悪さを、3人それぞれが共有して容認していること。全員には響かなくても、とあるひとつのエピソードに誰かが共感する。「わかる!」って。3人がいることで広がりが生まれて、そのバランスが素晴らしいんです。

仁さんは舞台が忙しい時は心の波がすごい。スタジオに入った瞬間の顔つきで公演の真っ最中なんだなってわかる。疲れているのか緊張しているのか、いつもより落ち着きがない。本番中も明日台詞回しのことを考えている時があって、それを見逃すやついさんじゃありませんから、すぐにいじりだすわけで。ニコラス・ケイジという、キーワードがでて、ニコラス・ケイジに似てるって、ずっと言い続けてたら号泣してしまった。舞台中で気持ちが不安定だったのかもしれないけど、僕たちはそれを見て大爆笑。大人が声を上げて泣いているの見ることってありますか。いやあ、あれは笑った。

昔からこの番組を見ていて、ADのときに感じたのは、エレキが仁さんをいじり倒すとき、聴く人によってはいじめているように聞こえるんじゃないかなって。面白さと紙一重で、ちょっとやりすぎていると感じることもあって、Dになったときにそれはやめたいと思った。

なんでもそうだけど、誰かが気分を害したら、やっぱり良くない。収録中サブ（副調整室）にいる時は、番組の進行を見ながら大袈裟にリアクションをとる。大笑いもする。でも、う〜んと思ったときは黙ってしまう。それを演者たちも感じてくれるんじゃないかな。やっぱり僕だっ

島田しまお:「エレ片のコント太郎」ディレクター兼、新番組「エレ片のケツビ！」ディレクター。2005年から、番組ADを務め、2010年にP兼D兼AD兼雑務に。「エレ片劇団」の一員としても活躍。

て仲の良い3人が見たいですから。

映像からラジオの面白さ

もともと映像志望で、学校を出てから制作会社に入りました。映像もラジオもやってる会社だったので、最初は土曜深夜の「ロック魂」という音楽番組をやっていました。ラジオは就職するまでほとんど聴いたことなかったんです。ちゃんとしたお笑い芸人のやっている番組に接したのはエレ片が最初で、なんというか、超面白いなって思いましたよね。

ディレクターとしての醍醐味って、なんだろう。正直言うと、責任感だけがあって、締め切りまでに番組を届ける使命にいつも追われているイメージです。

本番中もいろんなこと考えなくちゃいけないから気が休まりません。その分、編集は楽しいですね。自分たちの編集次第でもっともっと楽しくできる可能性がある。

先日の放送で「この歌が好きだ」っていう話題になって、その瞬間にAD宇野が倉庫にCDを急いで取りに行って、その曲を流したら3人が同時に歌ってくれたんです。オンエアで聴いたらとっても面白かった。ADって瞬発力が一番試される。この話は2分はもつなって判断して、Dに指示される前にスタジオを飛び出す。そうやって揉まれてきました。ADの時はミキサーもやっていたんですが、それを経験すると、全部が見えるようになるのが面白かったですね。「この話題の後にきっとやついさんが笑うな」って思うと、笑い声を大きくしたり、「この流れだと次に仁さんが入ってくるな」ってタイミングで切り替える。おかげで仁さんがいつ会話に入ってくるかは大体予想がつくようになりました。

本番はヒリヒリするけど、やっぱり楽しいですよね。ラジオってガラス1枚を隔てて表と裏が明確に仕切られているけど、一緒に作っている感じがするんです。

3人が笑っている絵を一番近くで見られる幸せ

ラジオとテレビと違いがあるとしたら、テレビはだれかの大ボケでゲラゲラ笑って、何度もカメラが切り替わって、求められるのはスピード感。ラジオは小さなところをほじくりだして、クスクスって、それがラジオの醍醐味。ラジオはそれを何回もひっぱることができるし、最後の大爆笑に向けての壮大なフリになることもある。

エレキの笑いって、繰り返しがキ

モになるから、そこに仁さんが入ってくると、さらに増幅するのがすごいなって。エレ片の3人はそれぞれの笑うつぼがあって、3人全員が笑うけど他者にはわからないつぼもある。3人が笑っているけど、リスナーもスタッフも置いていかれる時もあって、こっちから見てると、ただ3人だけで笑ってるなって。その時はサブも置いてかれている。

でも僕はそれを止めない。それを見ていると次第にこっちも楽しくなってくるから。泳がせる演出といったらかっこいいけど、どこまでも見ていたいから。それを見ているのが楽しい。ラジオはリスナーに届けるのも大事だけどリスナーがしぶしぶ付き合ってくれるのもありだと僕は思う。エレ片リスナーはこっちに仕方ないなって顔で付き合ってくれる。オフ会で会うことがあるけど、エレ片リスナーはやさしいんです。

3人に出会って、自分が成長できたかはまだわからないけど、週1回腹を抱えて笑えることはとても幸せ。

仁さんは仕事の同志みたいな感じ。向こうはどう思っているかわからないけど、一流の素晴らしい仕事相手と巡り合えたことを幸運に思っています。こんな人とお仕事できて幸せでしかない。

今立さんはお友達。弱さを見せてくれたりと、人間らしくて大好き。だからこそ本気で喧嘩をする。結婚する報告が遅れたら本気で怒られた。なんでそんなに怒るんですかって聞いたら、「寂しいから」って。そんな理由ありますか。

やついさんは尊敬しかない。やついフェスを立ち上げたり、コロナ禍でクラウドファンディングを成功させたりと、不屈の闘志の持ち主。本当に負けず嫌いで、そこに面倒臭さが加わって、ドロドロしたものを抱えている人。きっといろんな思いがあるんだろうけど、僕らには全部見せてくれない。

人を笑わせたり喜ばせることができる人たちはどんな気持ちなんだろうって、いつも思うんです。僕は何者でもないけど、自分が楽しいと思うことを届けて、3人が笑っている絵を一番近くで見れる。こんな素敵な仕事はないと思うんです。

WITNESS

放送作家 川尻恵太

エレ片は僕にとって「実家」みたいなもの

札幌で芸人をしていたのですが、「大喜利猿」というライブの作家に呼んでいただいたのをきっかけに、ラーメンズの舞台のお手伝いをさせていただくようになりました。

最初にラーメンズの二人に出会った日、今でも覚えているのは「芸能人にあこがれてるような喋り方はやめたほうがいいよ」って言われたこと。東京から売れっ子が来たあまり、「俺って面白いよ」とアピールし過ぎたんでしょう。今思い返しても顔から火が出そうになります。

2007年に脚本を提供した「双六」という舞台で今立さんに出ていただきました。自分がラーメンズに可愛がってもらっていたことで親しくなり、2007年のエレ片の「コントライブ」がはじまったときには、ゴウさん一人だと大変だということで、私も参加することになりました。仁さんと今立さんが推薦してくれたと聞いています。

3人とも内弁慶

やついさんに初めて会った時は互いに人見知りなので、かなりドキドキしてましたね。仁さんたちの紹介でしたが、すごく警戒しているなと感じました。

それでも僕が担当した「うどんとそばを分け続ける工場に閉じ込められた男」のネタをすごい気に入ってくれたのは嬉しかったですね。その公演で印象に残ったのは、ネタのウケ具合ではなくて、仁さんが大オチで『ウィトルウィウス的人体図』のコスプレで出てくるんですけど、袖からこっそり撮影していた若手芸人がいて、初日の夜にネット上に勝手にアップしてしまった事件です。これって今だったら大問題で、当時ももちろん問題なんですが、誰かが注意をしないといけないはずのに、3人とも「え?誰が言うの?」「お前が言えよ」「お前だ」ってなってたのを思い出します。3人の内弁慶なところがよく出ていますよね。

やついさんは作品に厳しい人。つまらない台本は容赦なくダメ出しを

川尻恵太：1981年北海道生まれ。「エレ片のコント太郎」の放送作家。株式会社MASHIKAKU社長。SUGARBOY主宰。エレキコミック作家、テレビ東京『テレビ演劇サクセス荘』監督などでも活躍。

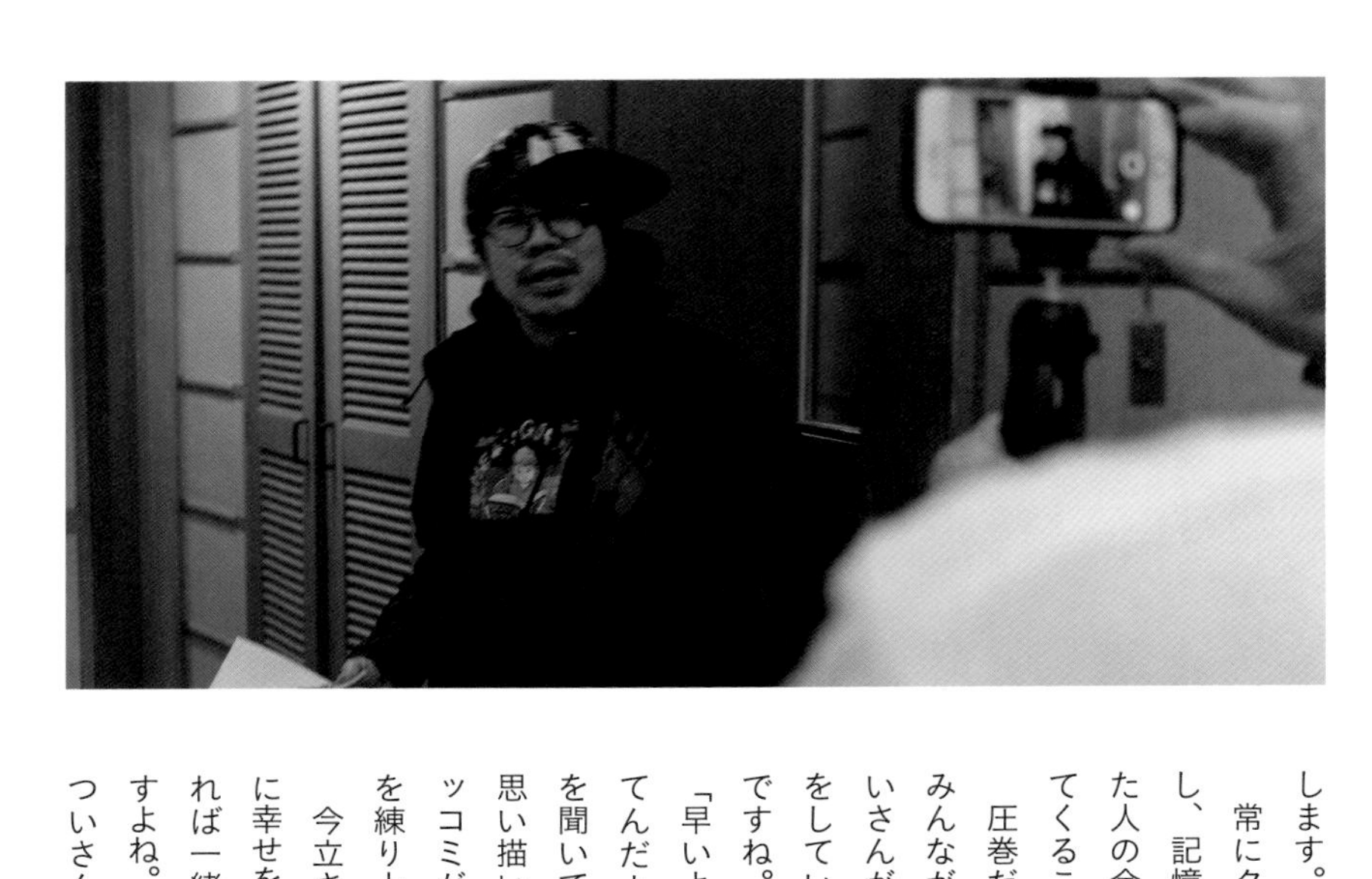

します。

　常にクリエイティブの目線があるし、記憶力もすごい。銭湯で隣にいた人の会話からネタを引っ張り出してくることもあります。

　圧巻だと思ったのは、ネタ作りでみんなが行き詰まったときに、やついさんが突然「俺が今からツッコミをしていくからメモって」と言うんですね。

「早いよ」「高すぎるよ」「なにやってんだよ」。僕たちはそのツッコミを聞いているだけで、やついさんが思い描いている絵が見えた。そのツッコミがあり得るシチュエーションを練り上げてネタは完成しました。

　今立さんは周囲が笑いを取ることに幸せを感じる人。あのツッコミがあれば一緒にいる人はみんな得をしますよね。ラジオを聴いている人は、やついさんのトークと仁さんの天然さばかりが印象に残るけど、確実に仕事をしている。それなのに基本的には目立とうとしない。フロントに出ても悪目立ちをすることがないのでバランスを崩すことがない。「すごい」の一言です。だけど、野心が本当にない。口癖は「今が一番面白いんだよな」って。こんな人がいたらどこでも重宝されるに決まってますよね。

　仁さんは距離感を錯覚させる能力があって、いつのまにか近くにいる人。ドラマでもどこの現場でもすぐにイジられる。イジられるまでがとにかく早い。みんなの心の壁を、あっという間に取り払う稀有な能力の持ち主です。だけど、ピュアかと思いきや、すぐにバレる嘘をつく。怒られている時も、「ここさえ乗り切れば」という顔をしている。一度、怒られたその直後に口笛吹きながら歩き出したことがあってあれは笑いましたね。感情がダダ漏れで、嫌なことがあったらすぐに顔に出るから、あの人が楽しいとみんなが楽しくなる。

客観的でいることが僕の大事な仕事

ラジオで3人がヒートアップしているときは、客観的に見ている人であることを意識しています。たとえ3人が喧嘩していても、僕が笑えば「面白いんだよ」ってリスナーがわかる。それは僕の大事な仕事。

エレ片の仕事は食えない頃からやっていたので芸能界の実家みたいなもの。どんなときでも収録だけは楽しみでした。毎週彼らの話を一番近くで聞けるのはとても幸せなことでした。

最後に思い出話を一つ。

僕がまだ番組に本格的に参加する少し前に番組にPerfumeの3人がゲストでやってきた時のこと。見学者が10人くらいいて、収録後にPerfumeの3人がサインをしてくれることになりました。僕もここぞとばかりノートを用意して列の最後尾に並んだのですが、僕の順番になると、横からやついさんがやってきて「はい、ここまで～!」「次の仕事があるから!」「お前なんかが時間取るんじゃないよ」。そうか、3人はギリギリまで時間を使って、サインをしてくれていたのかと恥ずかしくなりました。やついさんはPerfumeからペンを受け取ると「ごめんね、俺が代わりに書くから」と。その一部始終を笑いながら見ていたPerfumeと「うまく書けた」と満足げなやついさん。いやいや、サイン書く時間あったでしょう……。やついさんがサインを書いてくれたあのノートは、多分家のどこかにあります。メルカリに出したらいくらで売れるかな。

ハガキ職人からADになった僕へ

ペッター副部長

小学生の頃、将来の夢はテレビを作る人になることだった。子供の頃からお笑いが好きで芸人さんと一緒に仕事が出来たらどんなに楽しいだろうと夢を膨らませていた。時々タレントと一緒に画面に映り込むスタッフの姿に自分を重ねた。

中学生になるとテレビの番組作りに欠かせない、放送作家という仕事があることを知り、憧れを抱いた。高校生になっても、やはりお笑いが好きで、テレビばかり見ていた。将来は絶対に放送作家になると意気込んではいたものの、どうすれば放送作家になれるのかなんて具体的な方法がわからないまま悶々とした日々を過ごしていた。

深夜ラジオに出会ったのは高校二年生の頃だった。

地元の大阪では、TBSラジオの『JUNK』が月曜日から金曜日まで放送されていた。関西ローカル以外の全国区の芸人さんたちは、ラジオでどのようなことを話しているのだろうかと興味を持ち聴いてみることにした。すぐに深夜ラジオの虜になった。

何よりも衝撃を受けたのは、リスナーが送ったネタを番組内のコーナーで読んでもらえることだった。今から思えばラジオでは当たり前のシステムではあるが、自分も番組に参加する権利があるのが新鮮だった。ハガキを送れば、番組の一員になれる事実に興奮したことを覚えている。まだ、ネタを一通も送っていないのに。

ハガキ職人と呼ばれる名物リスナーたちの存在を知り、ラジオでたくさんネタが採用されれば、念願の放送作家としてスカウトされるかも知れないと思った。なんとも安易な気持ちで投稿をはじめることにした。

ネタを考えてハガキを送るより先に、僕はラジオネームを考え始めた。ロールプレイングゲームのキャラクターに名前をつけることさえ苦手であった僕はとにかく悩んだ。朝から晩まで悩んだ末、今の自分をそのままラジオネームにすることに決めた。吹奏楽部でトランペットを吹いており副部長だったので「ペッター副部長」。ＡＤとして現場で働くようになった今も、あのとき考えたラジオネームで呼ばれている。

エレ片に出会ったのは２０１５年の冬。radikoのエリアフリーで初めて聴いた。トゥインクルコーポレーションの新年会で、やついさんが事務所の社長の膝の上に座った話をしていた。布団の中でニヤニヤしながら聴いたことを鮮明に覚えている。この放送はぼくにとって衝撃だった。それから毎週土曜日の深夜一時はリアルタイムでエレ片を聴くことが習慣になった。

あの頃はネタを考えて番組に送ることが日常生活の一部になっていた。たまに採用される程度ではあったが、読まれた時の喜びはなんと表現したらいいのか。

だけど、エレ片への投稿はなかなか採用されなかった。

初めて採用されたのは送り始めて数ヶ月後。「生きててよかった10個の事柄」だった。リスナーが生きててよかったと思ったことを10個送るという、そのまんまのコーナーだが、エレ片リスナーの人生が垣間見えて、ぼくが一番好きなコーナーだった。

高校に入学してからの生きててよかったことを赤裸々に綴った。今から思えば非常に恥ずかしいことばかりだが、初めてエレ片で採用され、3人がゲラゲラ笑っていたのが何よりも嬉しかった。

一度採用されたことがきっかけに、これまでよりも番組に送るメールの数を増やした。

ハガキ職人あるあるかもしれないが、深夜1時台は落ち着いて番組を楽しむことができる。学校の課題を終え、就寝の準備をしてラジオの準備するとちょうどいい時間になる。

番組のオープニングから約1時間ほどフリートークがあり、深夜2時ごろからコーナーがスタートする。

ここからは緊張しながら、布団の中で丸まったまま番組を聴く。採用された時はもちろん嬉しいが、自信のあるネタが不採用だと少し落ち込む。だが、ハガキ職人たるもの、すぐに気持ちを切り替えて来週のためのネタを考える。たまに読まれるか読まれないかのレベルの二流のハガキ職人であったが、ＡＤになるまで5年ほどメールを送り続けた。

ちなみに初めてやついさんに会ったのは高校3年生の頃、京都のヴィレッジヴァンガードで行われたCDの販売イベントだった。DJイベントとサイン会があり、少しだけお話しをすることができた。そのときにいただいたサインは今でも自宅玄関に大切に飾ってある。

大学生になると放送作家になりたいという気持ちが少し揺らぎ始めた。

エレ片のハガキ職人は面白い方ばかりで、ぼくの実力では放送作家にはなることはできないと考えるようになったからだ。ただ、作家になれなくてもラジオには関わっていたいとも思った。できることならエレ片に関わる仕事に就きたい。

大阪の大学に2年間通ったあと、東京の芸術系の大学に編入試験を受けて入学する。高校三年生の時も受けたが不合格で諦めきれず、ダメ元で受けての合格だった。

今から思えば、このとき合格して東京に来ていなければ現在の仕事をしていなかっただろう。東京に来て驚いたのは、エレ片リスナーが集まるイベントが頻繁にあることだった。エレキコミックのメールマガジン「エレマガ」のお花見やバーベキュー、やついさん主催のクラブイベントなど、毎月何かしらイベントが行われていた。やついさんの生誕祭に行ったときのことだ。ぼくと同じくエレ片のハガキ職人である玉金ピロリロさんと話をしていたら、遠くにいる人相の悪い男性を指差して、「あそこにいるのがディレクターの島田」となぜか呼び捨てで教えてくれた。番組でお馴染みのディレクターの見た目の怪しさに興奮すると同時に、エレ片と仕事をするのであればこの場でお願いするしかないと思った。あの日、勇気を出して「島田」に声を掛けたことで、気がつけば僕は今こうしてエレ片のADをしている。

念願のエレ片ADとなった当初はとにかく緊張した。憧れていた3人の収録が目の前で行われているのだ。高校生の頃に聴き始めて、東京に来て、そしてこの場に辿り着いた。収録のたび感慨深さにしみじみしていたが、同時に緊張もあった。番組に行く前は毎回必ずお腹を壊していたほどだ。

ある日、見かねた「島田」に「お前が緊張してどうするんだ」と言われハッとした。学生気分が抜けていないとよくいうが、自分はリスナー気分が抜けていなかったのだ。ADとして働くことになったとき「やる気があればなんとかなる」と「島田」は言っていた。あの時の言葉は今でも心のどこかにしまってあるし、やる気だけではどうにもならない無茶振りにも笑って応えられるようになったと思う。

ADの仕事に限ったことではないが、下っ端というのは覚えることがとにかく多い。スタジオの準備から原稿のコピーなど。最初のうちはTBS局内のどこに何があるかを覚えるだけで精一杯だった。

ハガキ職人の皆さんが送ってくれた宝物のようなメールをコピーすることもぼくの仕事だ。皆さんが考えたネタを一番最初に読めるのは、密かな、いや大きな楽しみだ。メールをチェックしながらラジオを聴いていた頃のようにクスクス笑ってしまう。仕事さえなければいつまでだって読んでいたい。この仕事をしてよかったと思える至福の時間だ。

エレ片の3人はラジオで聴いている通りの人たちだ。やついさんはやついさんで、今立さんは今立さん、片桐さんは片桐さん。目の前にいる3人は、裏表などなくみんなが聴いているラジオの中の関係性のままだ。

ADとなり1年近くが経ったが、もちろんリスナーの頃のように楽しいことばかりではない。ミスをして「島田」に怒られることだってある。だが、凹んでいるわけにはいかない。リスナーが待っているから。

ハガキ職人の頃にいつかエレ片に関わる仕事がしたいと憧れていたことを思い返せば、どんなことでも頑張れる気がする。ベタではあるが、高校生の頃の自分に今こうしてADとして働いていると教えたらどんなに驚くだろうか。『エレ片のコント太郎』はぼくにとっての青春そのものだ。

ペッター副部長：ハガキ職人として番組にネタを投稿し続け、2020年から「エレ片のコント太郎」のADに。

失敗した時に言われる「ありがとう」

18歳の頃から「エレ片のコント太郎」を聴いていました。イベントにも行くようになって、2010年に横浜BLITZでやったやつはフェスの原型みたいなイベントがとってもおもしろかった。「エレ片」を聴いているうち、いつか芸能界に近いところで働きたいと思っていました。

昔はラジオの放送作家になりたかったんです。「放送室」の高須光聖さん、「エレ片」でいうゴウさん、川尻さんの立場に憧れていました。就職をどうするか悩んでいて、その当時唯一ツイッターをやっていたヒロハラノブヒコさんに連絡をして、思いついたネタを書き殴った企画書を送りつけました。

ヒロハラさんはやさしい方なので、目を通してくれた上で、「君はコミュニケーションが得意だから、マネージャーの方が向いてるんじゃない」って。その気になってプロダクションを受けることにしたんです、おそらく企画書が面白くなかったんだと思います。

プロダクションはたくさん受けたけど全部ダメ。トゥインクルは新卒はとらない方針でしたが、ダメもとで書類を送ったら、8ヶ月後に今の専務から連絡がありました。

エレキの担当に決まって、初顔合わせの時のことはよく覚えてます。というのも、やついがぶっきらぼうで、めちゃくちゃ怖かったんです。どこの馬の骨だか分からない新卒をつけられたら当然のことでしょうが。今立は「おう、よろしくね」って、社会人の先輩らしいきちんとした対応をしてくれました。

エレキの二人には最初から怒られっぱなしでした。当時の自分は何かができるわけでもないのに、プライドだけが高かったんだと思うんです。だから、ミスをするたびラジオでネタにされるのが、悔しいし恥ずかしかったですね。

入社して早々に、エレキの映像ライブ「バカフィルムギグ」の仕切りを任されました。エレキ、映像の菊池さん、作家の川尻さん、そして自分の5人で、全国を回ったんですが、移動やホテルの手配、舞台監督や照明の打ち合わせ……入って初めて任された大きな仕事で、5人部屋の宿をとったり、細かなミスはあったけど、やり切ったという達成感がありました。

その打ち上げの席でのこと。冗談かもしれませんが酔っ払ったやついが僕に向かって「お前を社長に育ててやる」って言ったんです。

かなり酔っていたようでした。その直後に具合が悪くなってやついが倒れてしまったんです。深夜に予定していたDJのイベントも出れなくなってかわりに今立が歌って踊ってなんとか場を繋ぎましたが、その日は具合の悪いやついを病院で朝まで看病しました。そのあたりから信頼を得たような気がしています。

あの二人の凄さは、誰にも媚びな

いこと。やついはドラクエみたいに、生きていく中でどんどん自分の味方を作っていくのがすごい。役者やDJの顔もあるので、いろんな現場に行けるから楽しいですね。

　今立は本物の芸人だと思います。ツッコミはもちろん、考え方も、反射神経も、本当に芸人になるべくして生まれた人間だと思います。今立がいれば、誰でも面白くなります。でも、説教が長いので酒の席では近寄らないようにしていますけど。

　僕はエレキと出会って成長できた。厳しく接してもらって、普通の社会人にしてもらったと思っています。徹底的に絞られてきたけど、おかげさまで、ここ数年でようやくマネージャーに必要な筋肉がついてきたような気もします。

「俺たちといるときは口角を上げていろ」ってよく言われています。僕にとっては大切な座右の銘になっています。ラジオで散々ネタにされてきましたが、それを機に親しくしてくれる業界の方がいたり、自分が少しでも力になれたなと思えば、やりがいを感じますよね。

　やついからありがとうって言われるのは、だいたい失敗をした時なんですよね。海外でやついに病気をうつしたり、ホテルの鍵をなくして部屋に入れなかったり、その度に「ありがとうな」って。普通は怒られますよね。ラジオで話すネタを作ってくれてありがとうってことなんです。

上田航：1988年愛知県生まれ。株式会社トゥインクル・コーポレーション勤務。エレキコミック担当マネージャー。「エレ片のコント太郎」を聴いたことがきっかけで現職に。番組内でもしばしばネタにされる。

白石 マネージャー

誰に対しても気を遣う片桐に学ぶ日々

もともと飲食業界にいたんですが、転職を考えているときに、知り合いのツテで、たまたま片桐のマネージャーを募集していることを知りました。僕らの年代ってラーメンズ全盛期だったのですごい幸運なことだと思いました。

互いに2人子供がいるので、子育ての話をしたりします。

次女が生まれた日は、ドラマの撮影の現場にいました。妻には「行けない」と伝えていたので、一緒にいてくれた身内から「生まれたよ」という報告を受けました。気にかけてくれていたので「仁さん、生まれました」と報告したところ、「ちょっと見に行くか」って。空き時間を使って病院へ。嫁、母、義母、僕の次に仁さんが抱っこしてくれたんです。

私生活もあのままのキャラクターで、誰に対しても腰が低く、とにかく気を遣う人。マネージャーもまたサービス業ですから、勉強になるところも多いです。とても尊敬する人だし、一番のファンであり続けたいですよね。片桐の魅力を存分に引き出してくれるエレキとの掛け合い、これからも楽しみにしています。

白石雄一：1984年神奈川県生まれ。株式会社トゥインクル・コーポレーション勤務。片桐仁担当マネージャー。

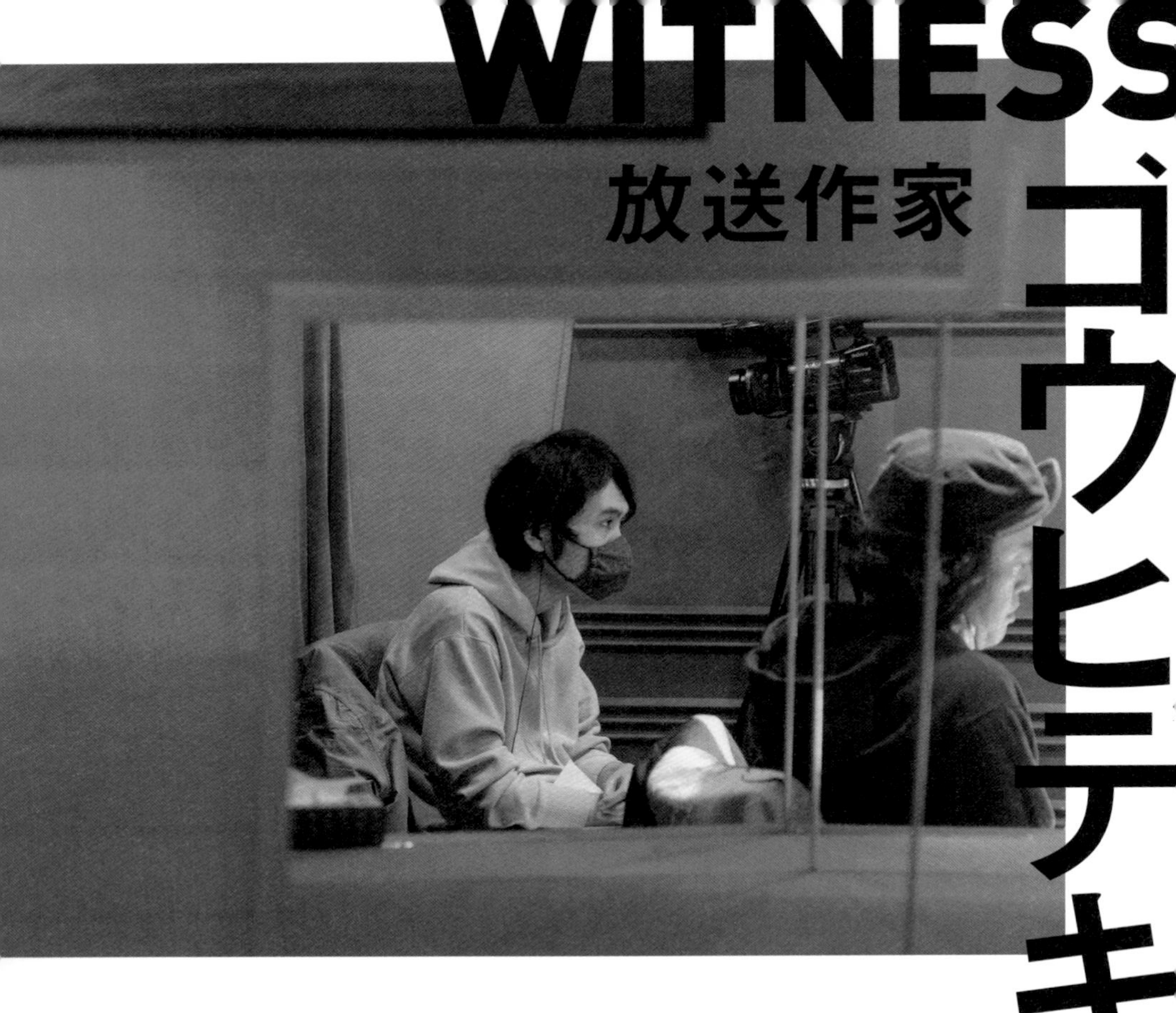

WITNESS
放送作家 コウヒテキ

3人の語りが頭の中で広がる心地よさ

作家の仕事はたくさんありますが、一番大変なのはメール選び。番組の面白さを決めるからです。エレ片の場合、本番までに台本を書いて、コーナーを考え、メールを選ぶ（サタデーになってからは、僕はコーナー初回等たまに選ぶ程度ですが）。ゲストがくるときは事前に取材をしておくことも。当日はブースの中でDの指示を受けてカンペ出し、選んだメールを渡して、最近は今立くんのツッコミフレーズをメモします。曲紹介のデータを手渡したり、トークにリアクションをして臨場感やライブ感を出してパーソナリティを乗せるのも大事な仕事です。

エレ片の作家をするようになったのは15年前、原さん（エレ片初代D）から「エレ片とお知り合いですよね。あの3人で番組を作りたいから企画書を出していただけませんか」と声をかけられたからです。

番組開始当初はタイトル通りコントに力を入れていました。ラジオコントを作るのが大変で、いろんな作家にコントの脚本を頼んでいたし、収録だけで12時間かかったこともありました。というのも、3人のラジオでのトーク力は未知数だったので、コントを柱にしたいという番組の思惑があったんでしょう。番組が始まると「意外としゃべれるんだね」と他のスタッフに言われたこともあったので、3人の面白さは周知されていなかったんだと思います。

3人との出会い

エレキと初めてあったのは冗談リーグという学生お笑い大会のトーナメント戦でした。今立くんの「ポゲムタ」、やついくんの「コロコロコミックス」、そして「ラーメンズ」はみんなに人気がありました。

やついくんとは楽屋でぜんそくの話題で盛り上がったんですよね。二人とも死にかけたことがあるという話から「じゃあ他人の苦しみがわかる人なんですね」って言われたのを覚えています。

やついくんの笑いは勢いがあったし、今立くんは場を回しながらツッコミで周囲の面白さを引き出すのがうまかった。二人がそれぞれのコンビを解散して新たに組むと知った時はすごいコンビが生まれるって思いました。

ラーメンズとも親しくさせていただいていました。その昔、仁くんの家に遊びにいった時は、いきなり自作の「矛（ほこ）」や集めていた武器を見せられて、武器の魅力を延々と教えてくれました。とにかくマイペースな人だと思いました。

大学卒業して事務所でお手伝いしているうちに、作家の仕事が多くなっていき、その頃ラーメンズがガーッと売れていきました。それだけの才能と人気があったので、意外とは全く思わなかったですね。

時代を反映していた過去のコーナーたち

収録の時はブース内にいます。エレ片のコーナーの時間は3人が面白がっているかが鍵ですよね。時には「面白くないんだろうな」という雰囲気をビシビシと感じる。そういう時はコーナーが終わってCMに入ったときに率直に言ってくるので、島田Dと相談してカットしてもらいます。

印象に残っているコーナーは色々あるけど、初期の頃の『天パー甲子園』はよく覚えていますね。髪の毛を引っ張りあってどっちが強いか競うんですけど、大量の髪の毛がたくさん送られ来て、封筒を開けるのが嫌でした（笑）。他にも色々と記憶に残っているけど、思い返すと懐かしい。コーナーを考えた瞬間はそんな大層なことは意図してないけど、後から思い返すと、結果的に時代を反映しているのが面白いなって思います。

3人の生み出すグルーヴが脳を喜ばす

リスナーから届くメールを選ぶときは、読んだ瞬間にぱっと頭に絵が浮かぶネタはやっぱりウケますよね。ラジオだったら耳で聞いた情報で絵が浮かぶ、それが大事なのかなって。何かを聞いて想像する絵は個人で違うでしょうけど、同じ絵を共有できた時にきっと爆発するんだと思います。

ゴウヒデキ：1973年長崎県生まれ。放送作家。エレ片の３人とは学生時代に出会う。「エレ片のコント太郎」は金曜JUNK2時代から担当。現在、短歌結社「未来」所属。

今立くんはトークの中で「それってどうでもよくない？」というネタを広げて面白くするのがすごいですよね。やついくんが仕掛けて仁くんが乗るコントっぽい流れになったときは、今立くんのターンで爆発する。

仁くんが肉を落とした時に「巨神兵じゃないんだから」ってツッコんだ時は「すごい」とさえ思いました。彼はサブカルの文脈からワードを引っ張り出してくるから、それが響く人にはとにかく響く。知識の埋蔵量が多いし、場に合わせてスタイルを変えられる。

彼の言葉選びは生来の才能だと思います。だけど、自分が場の中心になると途端に恥ずかしがる。「俺の話なんてしなくていいじゃん」ってスッと引いてしまう。でも、彼が話に乗ってくると期待をしてしまいますよね。ツッコミモンスターと呼ぶにふさわしい才能の持ち主だと思っています。

やついくんはプランナーでありパフォーマー。最初に笑いのきっかけを作る人。そこに今立くんが乗って急加速する。

そして仁くんが取り残される。仁くんは「ありのまま力」がすごい。出会った頃からずっとなくならないのがすごいですよね。

3人が話しているのを聞いてると、笑いすぎて泣いちゃうことがあります。お笑いのネタを見ても涙を流すことはないのに。彼らが喋っているのを聞くと脳が喜ぶんですよね。落語を聞いていて気持ちいいのと同じで、語りが耳に入って頭の中で世界が広がる心地良さがエレ片のラジオにはあると思うんです。

トークがグルーヴ感を生んで凪の状態からだんだんと盛り上がっていく。時間をかけて最後は大爆笑にたどり着く。SNSや短い動画が全盛で、さくっとした笑いが重宝される今の時代には向いてないのかもしれません。

でも、映画を見たくなるのと同じ。身体が求めているし、心が豊かになる。エレ片のラジオを聴いたら幸せな気持ちになると思うんですよね。

WITNESS

映像ディレクター 菊池

くだらないことで笑える3人に励まされる

エレキと出会ったきっかけは、共通の友人・アキオさんという人です。アキオさんは大学時代に冗談リーグでエレキやラーメンズと一緒にお笑いをやってた人で、「おもしろいやつらがいるから」と誘われてエレキと耳なりのユニットライブ「UNCO

CHINCO LIVE」を観に行きました。

今でも覚えているのは車のコント。やついさんがパントマイムで車を運転して、ハンドルがどんどんデカくなっていって、助手席の小川さん（当時・耳なり／現・構成作家）をボコボコ叩いていました。なんてくだらないボケをする人なんだって思いました。渋谷シアターDで、すし詰め状態でお客さんが大爆笑していました。

エレキに出会う前は、大学を卒業したあとに映像制作会社で働いて、でもあまりに辛すぎて3ヶ月で辞めて、ずっとフリーターでした。バイトしながら、アキオさん達から繋がって、他の芸人さんたちの映像も作ったりしている中で、エレキにも出会った感じだったと思います。

サニーデイ好きという共通点

そんな生活を続けるうちに、手伝っていた仲間が一人、また一人と、お笑いをやめていったり、お手伝いの依頼が来なくなったりしながら、エレキコミックとの付き合いは続きました。家が近所だったやついさんとはよく飲みに行きましたね。エレキの最初の単独「威風堂々」で初めて手伝うことになったんですけど、やついさんから「エンディング映像にサニーデイ・サービスってバンドの『東京』という曲を使いたい」と言われて、僕ずっとサニーデイが大好きで、でも大学時代には聴いている友達がいなくて、その瞬間「サニーデイ好き、見つけたーーー！」ってなって。本当に嬉しかったです。

エレキ3回目の単独公演「25」で、それまでは映像を納品して終わりだったのが、この時から映像出しも担当することになって、渋谷シアターDで3日間のライブだったので、毎日昼に会場行って、映像を出しながらネタを間近で観て、終わって飲み行って、夜中まで一緒に過ごしました。なんか合宿みたいで、その時にグッと距離が近づいた気がします。

エレ片との最初の仕事はその数年後、ライブのOPと幕間の映像で、多分ラジオもまだ始まってなかった気がします。ラーメンズはすでに売れていて、そこで初めて会った仁さんとは多少の距離があったと思います。どこまでいじっていいかもわからない中、もじゃもじゃ頭をモチーフにしたり、すごい昔の仁さんのダサい写真を曲のリズムに合わせて出すみたいなOP映像を作りました。

キーワードは「フリとオチ」

ライブで流す映像ネタのほとんど

は、やついさんのアイデアから始まります。そのイメージを共有して撮影をして、それをざっくり編集したら、エレ片の3人と作家さんたちに見せます。その段階で「あんまり面白くない」とはっきり言われることもあって、そしたら修正案を相談して直します。本番に入ってからもウケを踏まえて修正していきます。

僕がこれまで映像ネタを作ってきて、やついさんにずっと言われるのは、「フリが大事だよ」っていうことです。「このオチに持っていくためのフリが必要なんだ」って。言われすぎて、「フリとオチ」はお笑いに限らずあらゆるものに共通していると思うようになりました。それはドキュメンタリー的な番組を作っていても同じで、感動させたいポイントがあるとしたら、その前にフリになる部分がある方が、より感動しますし、演出せずに撮った素材を見ても「そこここ、フリとオチじゃん!」っていう風に見えるようになりました。「フリとオチ」は、ずっとキーワードです。

撮影も楽しいですよ。いつも自分の笑い声が入り過ぎないように気をつけています。

でも2018年の公演「新コントの人」の幕間映像は我慢できずに爆笑しながら撮影してしまいました。腹筋が1回もできない仁さんに催眠術をかけて腹筋させるという企画だったんですが、催眠にかかってだんだんその気になっていく仁さんの顔と、それを操りながら笑い転げるエレキが最高すぎました。

菊池謙太郎：1976年青森県生まれ。映像ディレクター。エレ片ライブの幕間映像担当であり、ビーシュートの技「キクチ」の開発者であり、エレ片のコント「Pコート」のモデル。

エレ片は3人とも完璧ではないけど、組合わさると最高

エレ片と触れ合って感じるのは、3つの個性が上手に重なっているということ。

やついさんはいろんな才能がある人だと思うんですけど、特に運動神経が良くて、自分が思い描いた通りに体を動かせているように見えます。身体のシルエットも面白いし、コミカルな動きを舞台で演じる能力がとにかく高い。

あとは視点が意地悪。たまに一緒にいた時のことがラジオで話されるんですけど、僕のドジが見事に意地悪な視点で切り取られて笑いになっていて、むしろ感動すら覚えます。

今立さんは、ツッコミの瞬発力と言葉のセンスがすごいと思っています。別の仕事で、たまにテロップを褒められることがあるんですけど、その言葉選びは完全に今立さんの影響を受けています。あともう一つ今立さんの特徴は、再現性が低いこと。でもそこも好きです。

仁さんに感じるのは、素材のまま存在できる凄さですかね。ウソをつけない。イラっとしたら言葉に出ちゃう。仁さんのYouTube「ギリちゃんねる」も手伝ってるんですけど、カメラの前で家族に普通に怒ったりしちゃうので使いますし、あんなにノーガードで画面の中にいる人はいないんじゃないですかね。

3人とも完璧じゃないんですけど、それぞれ最高だし、組み合わさるとまたもっと最高ですよね。

失礼かもしれないですけど、エレ片ってみんないい歳だし、年上なのにいつも本当にくだらないことで笑っていて、さらにそれでお金を稼いでいるって本当にすごくて、励まされます。なので、僕が編集したエレ片のくだらない映像も、どこかで誰かを励ましていたら最高に嬉しいですね。

TBSラジオ
FM90.5+AM954

第三章

「エレ片」たちの証言

エレ片3人の人生

「エレ片」の3人に、それぞれこれまでの人生を振り返り、直筆で年表に入れてもらった。3人が積み重ねてきたひとつひとつの出来事が、現在の「エレ片」を形作っているのだ！

年	片桐 仁 年齢	片桐 仁	やついいちろう 年齢	やついいちろう	今立 進 年齢	今立 進
1973	0	11月27日大阪府岸和田市に生まれる。				
1974	1		0	11月15日東京都駒込に生まれる。		
1975	2	千葉県稲毛区に転居	1		0	9月27日東京都世田谷区に生まれる。
1976	3		2		1	
1977	4		3		2	
1978	5	埼玉県南埼玉郡宮代町に転居	4	小学校が家の前で1分で行けた。駒本小学校 駒本幼稚園	3	
1979	6		5		4	
1980	7	宮代町立百間小学校入学	6		5	任天堂「ゲーム&ウオッチ」発売
1981	8		7	三重県四日市に引越し	6	
1982	9	実家が公文式の教室になる	8	東京の風を吹かす	7	小学校入学
1983	10	土器を探しに行く	9		8	ここから90分の電車通学が
1984	11		10	ラジオにハマる	9	16年続く・・・
1985	12	「ゴッホ展」に行く	11	とんねるず、電気グルーヴ	10	
1986	13	宮代町立前原中学校入学	12	などなど深夜放送を	11	クラスの「お楽しみ会」で
1987	14	軟式テニス部入部	13	聞きまくる	12	「ひょうきん族」のパロディをやる
1988	15	暗黒時代	14		13	
1989	16	高校入学 埼玉県立春日部高校入学 美術部入部	15		14	懸賞で「ゲームボーイ」が当たる
1990	17		16	高校入学	15	
1991	18	高校卒業 埼玉美術学院（サイビ）入学	17	生徒会長になる	16	高校入学
1992	19	大学入学 多摩美術大学版画科入学	18	高校卒業 コントを作ってやる	17	バレー部内でコントをやる
1993	20	同級生の小林賢太郎とお笑いを	19	大学入学。落語研究会に入部。	18	高校卒業
1994	21	始める	20	落研でDJをやる	19	大学入学。落語研究会に入部。
1995	22	春日部高校で教育実習	21	第2回全国大学対抗お笑い選手権大会 団体戦優勝 そのまま[illegible]	20	第2回全国大学対抗お笑い選手権大会 団体戦優勝 [illegible]

年	年齢	ラーメンズ／片桐仁	年齢	やついいちろう	年齢	今立進
1996	23	ラーメンズ結成	22	第3回全国大学対抗お笑い選手権大会 個人戦3位（コロコロコミックス）	21	第3回全国大学対抗お笑い選手権大会 個人戦優勝（ポゲムタ） 落研に単位を 千年時 フルコマ（約50単位）
1997	24	片桐仁単独ライブ	23	エレキコミック結成	22	エレキコミック結成
1998	25	トゥインクルに移籍 ラーメンズ第一回公演	24	シアターDで初ネタ	23	
1999	26	粘土道 連載スタート	25	バイトくびになったりした。単独ライブを3回やった。	24	ライブ漬けの日々
2000	27		26	第15回NHK新人演芸大賞演芸部門大賞	25	第15回NHK新人演芸大賞演芸部門大賞
2001	28		27	オニバト・虎ノ門などで	26	その場で賞金50万をもらい
2002	29	粘土作品集「粘土道」を出版	28	テレビでコントをやる	27	すぐ分配（25万円）
2003	30	結婚。テレビブロス連載スタート	29	第1回お笑いホープ大賞決勝進出	28	第1回お笑いホープ大賞決勝進出
2004	31	長男「太郎」誕生 7/7	30	お笑い大会はほとんど優勝してた。	29	「ファミ通」で「ゲームボーイアドバンス」担当 GBA
2005	32		31	ゴールデンで番組やったりしてた。	30	
2006	33	「エレ片のコント太郎」スタート	32	「エレ片のコント太郎」スタート・DJ開始	31	「エレ片のコント太郎」スタート
2007	34	エレ片コントライブ『コントの人』	33	福田でレギュラー多かった。	32	「ドラクエ9」でエレ片を広める
2008	35	18回	34	DJナニのDJで夏冬盛り上がる	33	「すれ違い通信」活動！
2009	36	ラーメンズ公演『TOWER』	35	ミックスCD「DJやついいちろう(1)」をリリース	34	
2010	37	宮代町の「外交官」に就任	36	TBS「キングオブコント」決勝8位	35	TBS「キングオブコント」決勝8位
2011	38	次男「春太」誕生 3/15	37		36	この年からアメリカの「E3」に
2012	39		38	「YATSUI-FESTIVAL2012」を開催 車を買う	37	行くようになる。 Electronic Entertainment Expo で E3
2013	40	個展「片桐仁 感涙の大秘宝展～粘土と締切と14年～」開催	39	入籍 犬をかう・ベッドを買う	38	
2014	41		40	TBSドラマ「リアル脱出ゲームTV」出演	39	
2015	42	映画『アイアムアヒーロー』出演 『ギリ展』開催	41		40	
2016	43	TBSドラマ『99.9-刑事専門弁護士-』出演 ←4年間	42	エレマガ開始!!	41	結婚。『エレ片in両国国技館』で披露宴を行う。
2017	44		43	NHK連続テレビ小説『ひよっこ』出演	42	周りの人と酒とホルモンに支えられ
2018	45		44		43	楽しく生きる！
2019	46	NTVドラマ『あなたの番です』出演	45	ドラマ出たり DJやったり コントやったり 好きな事だけやってる 日々	44	
2020	47	ラーメンズ活動終了	46		45	
2021	48	「エレ片のコント太郎」終了。「エレ片のケツビ」スタート。	47	「エレ片のコント太郎」終了。「エレ片のケツビ」スタート。	46	「エレ片のコント太郎」終了。「エレ片のケツビ」スタート。 今立 これからもよろしくです。 ←ミスった

ここからずっとライブやってる

ずっとエレ片のコントライブやってる

WITNESS

須山裕之

エレ片誕生前夜

株式会社トゥインクル・コーポレーション　常務取締役
チーフマネージャー

もともと芸能の仕事に興味があったので、業界で活躍している大学の先輩に相談したら「面白い仕事だよ」って。クレジットカードの会社から内定をもらっていたんですが、この仕事を選びました。

今から22年前はボキャブラ、オンバトの全盛期で、お笑い芸人がこれまでとは違う売れ方をしはじめた。新たなお笑いの波の到来を予感させました。

私たちは「プロとしてやっていきたい」という志を持った学生を集めてみて、ライブをやることにしました。大会を定期的に開いて金の卵を見つけたいという想いがあったんです。

トゥインクルの前身となる事務所で大学生主体のお笑い大会を始めたのが94年。落研とお笑いサークルを集めた開催した対抗戦は「冗談リーグ」と名付けました。

やついは大学のお笑いサークルの代表を務めていました。コロコロコミックスというコンビを組んでいたんですが、大学対抗戦では優勝し、本当に光っていた。

次に彼らみたいに大会で結果を残した子たちを10組くらい集めてライブを始めました。いわゆる事務所ライブです。最初にライブをなんという名前にするか悩みました。当時は演劇などの情報を手に入れるのは「ぴあ」などの情報誌に頼るしかなくて、多くの人が読んでいました。そこで雑誌のお笑いコーナーの一番上に掲載されるように「ＡＡＡ（あああ）」という名前にしたのかな。

当時のハコは主に中野にあった中野小劇場で、収容人数１００人くらいの小さな劇場ですが、毎回満員に近い集客がありました。大学生ってのは時間がありますから、友達に声をかけるとみんな見に来てくれる。意外と集客力があるんだなと思いました。

今思えば、景気がいい時代でした。事務所近くにあった焼肉店が食堂代わりで、先輩から「ご飯にいくぞ」って誘われるといつもそこ。その焼肉屋が叙々苑という名前で、高級な焼肉店だと知るのはかなり後のことです。

冗談リーグから事務所に預かりへ

最初のライブは手探り状態でしたが、各大学から選ばれた彼らには何かをやってやろうという強い気持ちがありました。見ているだけで引き込まれるような面白さがありました。

エレキはとにかく勢いがすごかった。中学生の男の子みたいな。無邪気な感じは今でも変わらないですよね。

ラーメンズも最初は、今と違ってブラックな笑いをしていてね。片桐は面白かったですね。彼が出てくるだけで観客が沸いた。

エレキと片桐はほぼ同期のような感じで、みんなの中心的存在でした。彼らが主導してライブの構成を考えたり、企画コーナーのお題を考えたり。

当時はお笑いの仕事がバンバン入ってくるわけもないけど、これで食っていくという気合いを感じました。事務所の命運も彼らの成長にかかっていたけど、たまに広告の仕事のお手伝いをしたりと、本業以外でも収益を上げる努力をしていました。

その後、ラーメンズは１９９８年

片桐仁から誕生日にもらったというヘルメット、片桐がテープで作った「須山」のネーム入り。

6月に初めて単独ライブをやったんですがほぼ完売。第4回まではシアターDという小さな劇場でやっていたんですが、彼らにはファンが多くついていて、その後「オンバト」が始まるとさらにお客さんが増えました。全国ツアーをやることになり、学園祭にもよばれるようになりました。今も昔も学園祭に呼ばれるのは若い人から支持されているということで、これは本当に人気が出てきたぞと、事務所も活気づきました。

　エレキも2000年が初単独で、その年にNHK新人演芸大賞演芸部門大賞をもらって勢いがついたことを覚えています。

風呂を借りにくる片桐

　片桐は昔からずっと優しかったし、天狗になることもなかった。今は片桐は家族ができて、ちゃんとしたなって思うけど、昔は風呂なしアパートに閉じこもってプラモデルばかり作っていた。

　10数年前まで僕と片桐は、誕生日にプレゼントを送り合うという儀式を続けていました。僕の独身のアパートに、あるとき、大きな荷物が届いた。宛先は僕の名前で送り主は通販会社。こんなもん注文したっけなと思って受け取ったら中にはダイエットマシンの「ジョーバ」が入っていた。30代後半のころの僕は体重110キロあったので、「片桐の仕業だな」って。

　当時はそんなに金がなかったはずなので、大きな買い物だったと思います。痩せてねっていう思いもあったと思うし、狭い部屋に大きいものを送るというボケだったのかな。ちょっと使ったけど、すぐに洗濯物置きになってしまいました。あのジョーバ、今はどこにあるんだろう。

　片桐はライブの動員が増えたのをきっかけに、風呂なし1Kから、風呂なし1K二部屋借りにしました。一部屋は粘土部屋で、プラモデルがたくさん置いてあっていつもシンナーの匂いがしましたね。僕はその近くに住んでいたのですが、外から見て部屋に電気がついて僕がいるのがわかると、夜遅くに電話がかかってくる。

　銭湯が終わってしまったのか、お金を節約したいのかはわからないけど「お風呂を貸してください」ってドアの前に立っているんです。

　自転車で4〜5分の距離だったからいつも寝巻きで、タオルを手にいきなりお風呂に入っていく。

　部屋にいると、風呂場から歌を歌っているのが聞こえる。上機嫌で風呂に入ると、僕のリンスの匂いをさせて、満足顔で帰って行きます。当時もモジャモジャ頭で、彼がくるたびシャンプーもリンスもごっそり減りました。

そのしばらく後、ようやく風呂なしから風呂ありに引っ越したんだけど、そしたらなぜか片桐の家でCMの撮影をすることになって、部屋を暗くするために窓に幕をガムテープで貼ったら大家さんに怒られてました。

個性的な3人

片桐とやついが当時同じバイト先、確か池袋の病院で夜勤やってたのでとっても仲が良くてね。俺たちは売れてやると血気盛んだった。

ラーメンズはライブで食えるようになってほしいと思っていたので、それまで100人程度のハコだったけど、第5回公演からシアターサンモールという300人くらいの箱にしました。最後は900人まで大きくなりました。

片桐はマイペース。僕の方が年上なので、お兄さん的な感じで付き合ってきましたけど、年下のマネージャーに対しても横柄なことを言わない。腰が低いわけではないけど、人との適度な距離感を取るのは上手。

彼の特徴はすぐに欲望に流されていくこと。気がつくと「おなかすいた」「ねむい」「帰りたい」とずっと言っている。根が素直な人間なんでしょう。

やついは昔からあのまんまのやん

須山裕之：1968年静岡県生まれ。株式会社トゥインクル・コーポレーション常務取締役・チーフマネージャー。エレ片の3人とは20年以上の付き合いになる。

ちゃなイメージです。僕の中での印象は「ギリギリまで悩み続ける」男。単独ライブの前日に、徹夜で会社にいたら連絡があって、「アニーの曲を使いたい」っていうんです。レンタルで借りれられるものだったらいいけど、日テレさんが権利を持っているので簡単に使えない。こっちとしては「もっと前に言ってよ～」と思うけど、いつも独創的でストイックに笑いを追求している姿には頭が下がるし、思い立った瞬間の行動力はすごい。

今立は基本的にあの通りのおとなしいイメージですね。おっとりした性格で、ひょうひょうとしていて、3人の中で一番で天才肌な気もする。彼と一緒にいると気を遣わないし面白いですよ。ライブの打ち上げで居酒屋に行ったりすると、途中で外に電話をしに行ったそのタイミングで黙って帰っちゃう。周囲のみんなは彼のことをよくわかっているから「ああ、いつものパターンね」って。一人っ子キャラのなせるわざですね。彼が知らず知らずのうちに3人のバランスをとっている気もします。

エレ片の始まり

お台場で某局のお祭りで、各社が事務所ライブをやる企画があったんですね。最初は、ラーメンズとエレキコミックの4人でやったんですが、あるときエレ片の3人でやったことがあって、想像以上に盛り上がったんです。

私の記憶が正しければ、ライブがあった後にやついがうちの社長に「ラジオをやりたい」と相談したんじゃなかったかな。昔からラジオが夢だったと言ってたからずっと機会を狙っていたのかもしれない。

エレ片ライブでも実績があったから「3人でどうでしょう」ってセットでラジオ局に提案をしました。今でいうユニット推しですね。当時はそういう提案があまりなかったので斬新に受け取られたのかもしれません。

さらに「番組だけじゃなくてエレ片ユニットのコントライブもできますよ」という提案をさせてもらいました。放送とリアルの連動というのはとても魅力的に映ったと思いますし、番組＋コントで収益を上げるというモデルの先駆けになったと思います。

そのおかげで2006年からラジオ番組が始まりました。最初は金曜の3～4時。

ラジオでレギュラーを持つってなかなかないことなんで事務所は沸きましたね。1回目の収録に立ち会っ

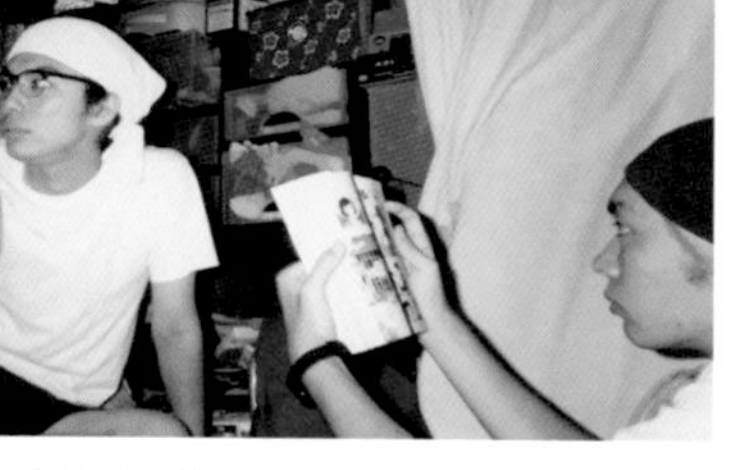

若き日のエレ片

たけど、3人は特に緊張せず楽しそうだった。一緒にいた社長と僕の方が緊張したかも。

その昔、ライブの宣伝のために、下北の駅前でみんなでチラシを配ったことがありました。メンバーたちが大学在学中は客が来るけど、卒業してから集客の壁にぶつかるんです。このままだと先がないから新規のお客さんを呼ぼうと、みんなで衣装や風呂上がりのガウンを着て、駅前でチラシを配ったんですが、みんなで集まって楽しかったですね。その当時に声をかけて、いまだに観に来てくれるお客さんもいてありがたいなって思います。

お台場のオーディションの帰りに3人でゆりかもめに揺れて新橋に戻ってきたら、その日は僕が誕生日で、エレキの2人が吉野家でご馳走してくれたことを覚えています。金がなかった頃でしょうから、その気持ちが嬉しかった。エレ片の3人とはそうやって長い時間を過ごしてきた思い出がたくさんある。

僕たちは戦友みたいなものだけど、友達とは違うからやはり一線を引く。そして、彼らが頑張りたいことの応援を続けます。

そういえば、彼らに仕事のアドバイスをした記憶はほとんどないんです。一度コントの内容に意見を言ったら、本気と冗談が入り混じった表情で「クリエイティブなことに口を出さないでください」ってやついに言われたんですね。彼らは昔から変わらないし、ある意味自己プロデュースができていた。今となってはここまで来れてよかったし、僕も彼らのやることに口を出さないでよかった。僕の今があるのは彼らのおかげだって思うんです。

大学

INTERVIEW

やついいちろう

これからもラジオとコントで生きていきたい

不屈の闘志を持つ、生まれながらのラジオスター。圧倒的な存在感とトークで他の2人を引っ張る、エレ片の〝首謀者〟が見据える「エレ片の未来」とは。

とにかく3ヶ月やってみようと成り行きで始まったエレ片。昔から一緒だった片桐さんのラーメンズがすごく人気があったから。お客さんを集めてくれました。お客さんはラーメンズを匂わせると喜んでくれるから、第一回のエレ片公演は片桐さんを象徴的にして脚本を書きました。主役が決まっているから、ある意味楽でしたね。

稽古の時に片桐さんが「台本がないとできない」っていうから、稽古初日までに慌てて用意しました。エレキは稽古日までに台本があることなんてなかった。でも、台本があると稽古が楽だって僕たちもその時に初めて気がついた。

最初は今立と2人で考えていたけど、作家を入れたほうが楽ですから、僕がネタを思いついたらそれを書き留める方式で進めていました。これって昔から採用している手法で、「やっつんバーガー」というネタも、おくまんと自転車に2人乗りしていたときに、後ろに乗っていた自分が、その場でネタを考えて、家に帰ってメモして書き起こしてもらいました。僕のネタ作りは口伝なんです。

僕にとって設定はたいして重要じゃないけど、設定だけでコントが始まることもある。離婚した奥さんが自分の親友と再婚した話だと弱いけど、親友じゃなくて自分の父親と再婚したら「なんでだよ」ってなりますよね。それってとてもコントっぽいし、そういう設定からネタを練り上げるのが得意な人がいます。

でも、自分は大きな視野で笑いを作りたいと思っているから設定から入ることはあまりないです。単独ラ

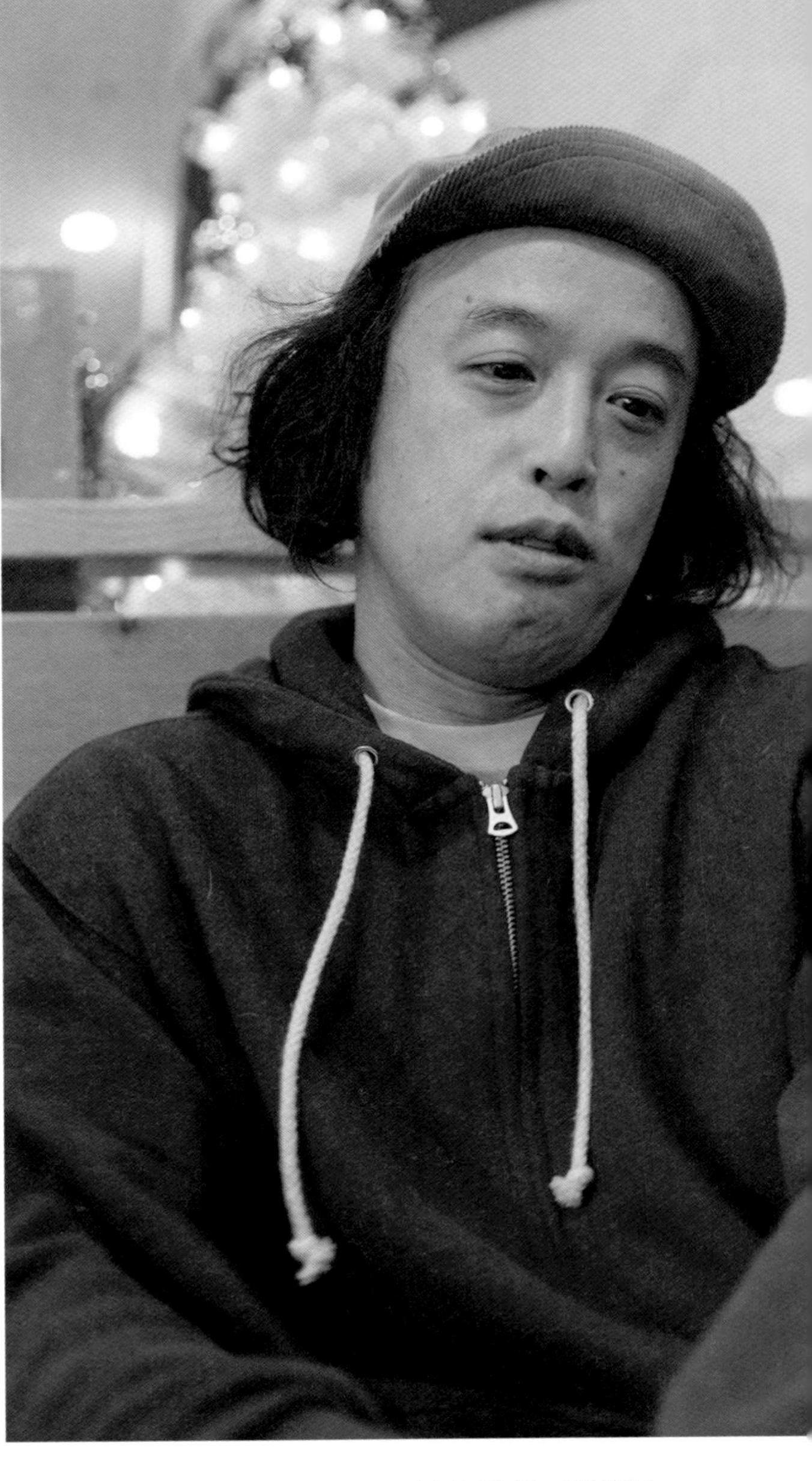

やついいちろう：1975年東京都生まれ。三重県育ち。エレキコミックのボケ担当。1997年にエレキコミックを結成。2000年にNHK新人演芸大賞（演芸部門）を受賞。2010年にはキングオブコント決勝進出。音楽フェス「YATSUI FESTIVAL」の主催や、DJ、俳優など幅広く活躍。

イブはCDのアルバムみたいに並びを考えているんで、いろんなコントを入れるようにしています。設定ありきのネタは、入れるとしても1本くらいですね。

自分は「説得力があるかどうか」を中心にネタを考えています。それって自分の核となるもの。他の人にないものだと思うんです。ネタを見た人に笑ってもらえるための説得力が必要。

芸大を出た人がピアノの鍵盤を叩くとします。同じ楽器を使って僕が同じことをして、全く同じ音だったとしても、説得力が違いますよね。本来は同じはずなのに、それを聞いた人には、全く違って聞こえる。それこそが説得力です。

笑うためには理由があったほうがいい。自分が持っている武器は何かって考えたら見た目の芸人らしさでしょうね。これも説得力の一つです。

デビューした頃は、同期で同じ事務所だったラーメンズがとても売れていたので、似たようなスタイルのネタ作りは絶対に避けようと思っていました。ライバル心もあったけど、それ以上に、彼らの後を追ってもしょうがないと思ったんです。

僕たちが選んだ戦い方が、カウンターでした。当時ってパロディが一段下に見られていたんですね。例えば「ちびノリダー」みたいなパロディはテレビのバラエティでアイドルがやる笑いだと思われていて、芸人がやる笑いではないという思想が蔓延していたんです。

僕もその考えに洗脳されそうだったから、あえて芸人とは逆の方向にアクセルを踏みました。1回目の公演ではCMのパロディをたくさんやりましたね。すごくウケたのを覚えています。理想云々より、とにかく笑えたほうがお客さんはいいですよね。

その当時流行っていた〈何も情報を与えられないままコントが始まり時間が経つと状況が次第にわかってくる〉というネタにも飽き飽きしていました。だから、あえて「コント銭湯、ここは銭湯だ！」と言ったりしていました。そうすると、1秒で世界に入れるじゃないですか。漫才の方法に近いけど、それでコントをやるのが楽しかった。

3人でエレ片を始めた時に感じたのは、無限の可能性でした。誤解を招いてしまうかもしれないけど、3人だと物語を作るのが「簡単」なんです。2人だと基本的にはそこで世界が完結する。その場にいない人の話をしたり、早着替えも使えるけど、

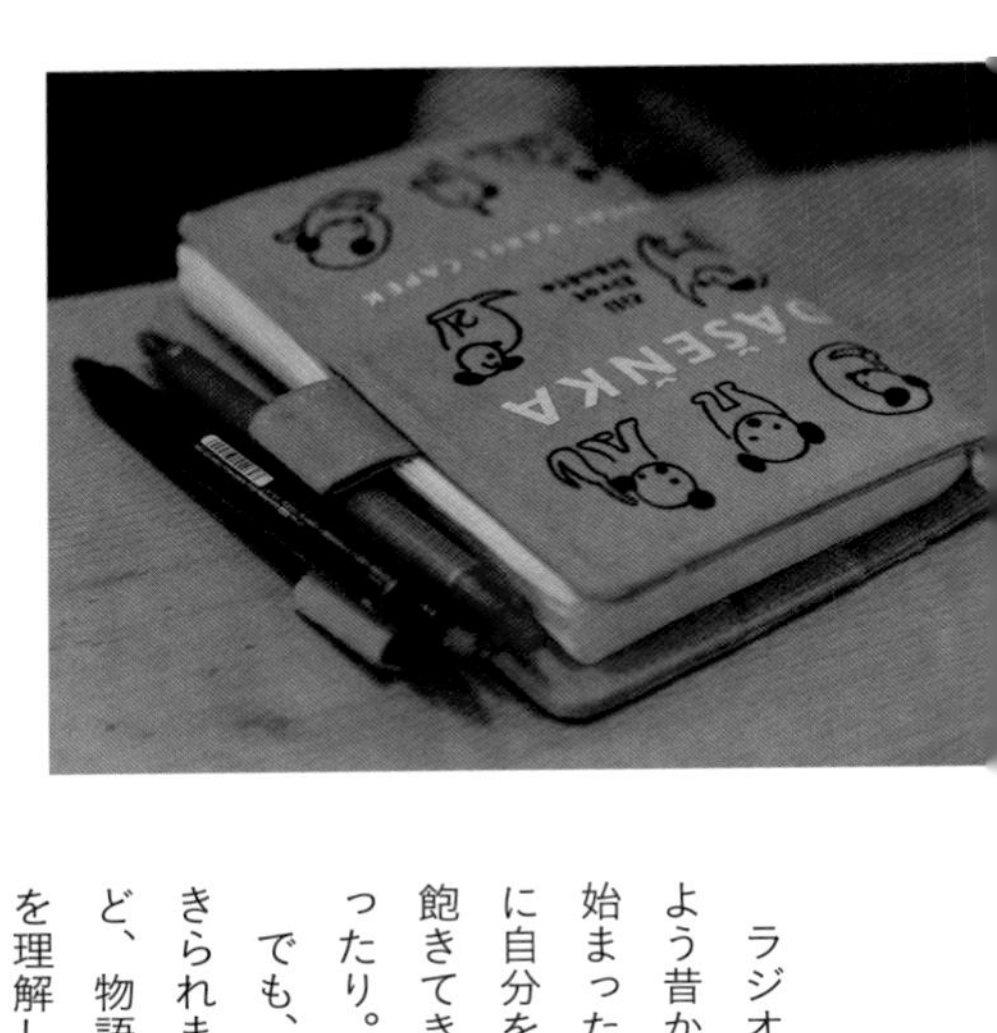

バリエーションに限界がある。

でも、3人だったら何でもできる。2人が話題にしているその張本人をコントに登場させることで、その後の展開はいくらでもある。2人と3人の差は大きかったですし、ネタを作る時に自由度が高いので、演出側に座ってコントの全体の流れを客観的な位置から見るようになって、全体のバランスも意識するようになりました。

ラジオでも全体のバランスを取るよう昔から意識しています。収録が始まったら基本的に一番ダメな位置に自分を持っていくことが多いけど、飽きてきたら片桐いじりにもっていったり。

でも、そのパターンもいずれは飽きられますよね。ラジオもそうだけど、物語を共有することで、キャラを理解してもらうことって大事なんです。それをうまく使えば意外性を生み出せる。ずっと人助けをしてきたような人が、人を殺したら意外なのと同じで、その思い込みを裏切ることで飽きさせない。

例えば、ラジオを聴いている人は今立が一番まともだと思っているから、彼がボケるだけで面白いでしょう。ずっと普通の人だと思っていたのに、いきなり変なことをいうだけで、面白いなと思って好きになってくれるんです。

今ではあんなにダサくなってしまったけど、今立はツッコミのセンスやたとえのうまさはもちろん、アレンジャーとしての能力も高いんですけどね。僕はアコギ一本で歌を作っているようなもの。それをアレンジして、ハワイアンにしたりパンクにしたりと、状況に応じて気持ちいい最適な曲にしてくれるし、僕が狙っているより、さらに面白くしてくれるので頼りになります。でも舞台に立つとすぐにダサい芝居をしようとするのは止めて欲しいですね。彼にはあえて不自然な演技を要求するほうが面白いんですよ。エレ片の時の彼が一番輝いているでしょう。

片桐さんは自分を客観視できない人ですね。客観視できないし、俯瞰もできない。普通は公共の電波に乗せてあんなに感情をあらわにできないですよ。ちょっとでもファニーな部分を入れて「バカ」って言えば可愛いのに、あんなにムキになって怒ることないでしょう。感情をコントロールができないのが面白いですよね。

「エレ片」で思い出深いのは「3.11」のときですね。TBSの和室で稽古していたんですが、すごい揺れがきてみんなで机の下に入りました。でも和室だから机が低すぎて頭だけしか入らなかったのが面白かったな。そのあとは電車も止まってしまって、しょうがないから稽古をしようってなったけど、とにかく不安でしたね。電話が繋がらないからツイッターで情報を得て「やばいぞ」って。馬鹿みたいなコントの稽古をやった後に、またツイッター見て「やばいやばい」って。

結局東京公演は中止になって、でも地方公演はやるからって、人がいない東京で稽古を続けたんです。それはすごい経験だった。

できることなら公演を続けたいなと思っていました。待っている人がいる限り、見たいという人がいる限り届けよう。

僕は続けることに価値があると思っています。続けること自体に目的がある。だから続ける。ラジオも15年続いて、自分が何かをこんなに続けたことってなかったと思う。

昔からコントもラジオも大好きだったから、今は夢の中にいるんですよね。これからもラジオとコントで生きていきたい。「エレ片のコント太郎」は終わったけど、夢はまだまだ続くと思うんです。

エレ片名物のコーナーを振り返ってもらいました。15年分。

「エレ片のコント太郎」で産声を上げたコーナーは、15年間で実に107個。最終回収録日の当日、TBSラジオ入りした収録前の3人に名物コーナーたちを振り返ってもらいました。

や まだまだ続いてほしいものが多かったけど。長生きしたものも沢山あった。『小林賢太郎オーディション』も面白かった。

か 2週しかやってないけどね。

い 受かりましたって連絡にどうリアクションするかを聴くコーナーね。

さて、昔を振り返りましょうか？

か 『クイズ　さて僕はどうしたでしょうか？』なんて全然覚えてない。

や そんなコーナーありましたっけ。ダウンタウンさんの番組？

い コアというかディープなコーナーですね。

か 『きれいなまるがかけたよ』ってのもあったね。

い 丸を描いて送ってもらってね。面白くなる気配がない。

か 丸って描くの難しいんだよ。でもアート寄りだからな。アートネタは数字取れない。

や 『ヤリヤリシックスティーン』は覚えてますね。

い 俺たちみたいに16歳で童貞を捨てた人から（?）、そのエピソードを送ってもらうやつだ。

か 深夜ラジオっぽいよね。

い エレ片は童貞は聴いてないラジオだから。

か 一番童貞っぽいけどね。

や そう、ラジオで童貞を売りにするのが嫌だったんですよね。

い リスナーが集まって、ヤった時

CORNER TALK

の思い出を語り合うんだよね。俺はスカイダイビングを降りてすぐやったんだっけな確か。

か 俺はでっかいゴミ箱の中だった。

か 俺は東武動物公園のトイレ。

い 一番リアルで嫌だよ。

や 長く続いたのは、『生きててよかった10個の事柄』。

い みうらじゅんさんもヒロトさんもやった。

や 多いのがおもしろいと思ったんだよね。10個というのが。

か 数が多いとなかなか出てこないからね。そこから人生模様が垣間見えるのが良かった。

や 初期からドキュメンタリー系でした、この番組のコーナーは。

い 大喜利系よりそっちの方が好きだった。

や プロのハガキ職人はほとんどいなかった気がするね。

い リアルなファンが真面目に送ってくるのが一番面白いんだよね。

や バリバリのハガキ職人からは「エレ片はなあ」って言われてたみたいよ。

か それで離れていったのか。

い やっぱりネタっぽいのを書きたいもんね。

か 自分は情景が浮かぶ感じが好きだし、人間らしさが見えると面白い。

や 作りがない方が笑えちゃうんで、職人は嫌だろうね。

い 本当に体験したっていう核がないと書けない。そのリアリティが大事だからね。

や カッコ悪いところを見せて、そこに文章のおもしろさを乗せる。ただの体験や、辛辣なだけでも面白くない。常連はすごい文章力があったんだと思う。

い 『ラジオネーム襲名大喜利』って今日終わるの？

や やっぱり、みんな大喜利好きなんだなあと思いますよね。

か すごい量が来ていたもんね。送りやすいのかもね。

や 量がくるから、盛り上がる。だから続く。最後まで残ったのはやはり面白いコーナーですよね。

い 『エレ片を歌わせろ！』も人気だけど、もともと片桐さんの『うろ覚えステーション』から始まったのかな。

や コントの派生だけどひどい替え歌があって、最新の曲を一度だけ聴

CORNER TALK

いて歌う。それが結局リアリティになっていく。

い 『FMラジオのコーナー』ってなんだっけ？

か FMぽいちょっとスカしたことを言うコーナー？

い あったあった。

や でもさ、結局TBSもFMになっちゃったからね。FMで聴いている人もいたし、これってなんだったんだろうね。

い 『かまし』のコーナーもあったね。

や 賢太郎の「俺、2年先まで仕事が入ってるんだ」っていう発言から始まったんだ。

か これも絵が浮かぶ、面白いコーナーだったよね。

や でも、これも結局ドキュメンタリー。なんだかんだ言ってかませてねえじゃねえかって。

い そっちの方がネタより笑えるもんね。

や デザイナーに憧れて鳥かご持って学校に行ったりね。

い 自分は服のボタンを安全ピンで代用していたもん。それがおしゃれだと思ってたから。

や 本気のやつがくると勝てないよ。

か 誰でもかましたことはあるし、かまされることもある。

い かましのポイントはいくらでもあるからね。

や 美大かましとかね。

か 洋楽。見たことのない銘柄のたばこを吸う。

や 最近だと片桐さんのマネージャーにかまされましたよ。イベントをしたいから予定を聞いたら「年末まで空いてないっす」って言われて（※編集注・インタビューは3月）ぶっ飛ばしてやろうかと思いました。

い かまされたねえ。

か かましは、どこにでもあるんだよ。

や 今となっては年下にもかまされる始末ですよ。

か やついが便所の水を飲んだことがあるって話から始まった『勇者のコーナー』も面白かったね。

や 普通だと思ったら、違ったっていうね。

い ヘビを持てるやつとか勇者だったね。高いところから飛び降りることができたり。

や うんこを手にするやつとかいたじゃん。

CORNER TALK

い　勇者ってなんなんだろうね。
や　ちょっと変わったことをしても、いじめられる側に行かないのがいい。小学生の頃って、今になったらなんの価値もないのに小さい頃はそれで勇者になれた。
か　尊敬される側に回ることもあった。
い　これぞ人生だ。
や　全部ドキュメンタリーなんですよ。
い　ドキュメンタリーすぎて、放送中に「これ嘘じゃない？」って片桐さん言うからね。
や　リスナーもビビるよ。「え、嘘だめなの？」ってすごい変な雰囲気になっていく。
か　途中まで信じていたのに、途中から「嘘じゃね」って思っちゃったんだもん。
い　リアリティの人だから。
や　深夜のバラエティのネタコーナ—に真実しか送ってこないとでも？
い　そしたらノンフィクション番組になっちゃうからね。
か　逆に『宮崎県産日向夏プレゼント』のコーナーは「これ嘘じゃねえか」との戦いだった。
い　その匙加減を我々鑑定士軍団がどう判定するか。常連なのに聞いてないふりをするのが面白かったね。
い　イベントでやったコーナーも盛り上がった。『仁ちゃんの夏合宿 腹筋1回できるかな!?』は盛り上がった。
か　腹筋できたらご褒美に片桐さんがキスできるというね。
や　ただ腹筋するだけなのに、すごく盛り上がりましたもんね。
い　リアルなのがさ、キスしたい女性を片桐さんに選ばせるんだよ。
か　それを力にして腹筋できるのではって思ったんだもん。だからちゃんと可愛い子を選んだの。
い　人選がリアルなんだよ。笑いにならない感じの子を指名するから。
や　一番リアルで恥ずかしい人を選んでくれますよね。それが面白い。
か　そういえば、最後まで候補に残って結局選ばなかった子が、実は大学の後輩で……後日会う機会があって、あのとき選ばないで本当に良かったと思った。
や　いいんです、誰を選んでも。ドキュメンタリーなんですから。
い　ヘビーリスナーの郭弾当もイベントで発見したんだよね。
や　もう見た目からして面白そうでね。イベントに行きすぎて仕事をクビになったんだっけ。
や　深夜ラジオって、童貞やらコンプレックスがテーマとして人気だけど、意識的に逆ばかりやってたのは、そういうテンプレに飽きていたから。
い　今だったらできないネタも多く

CORNER TALK

あったよね。

や　『ヤリチンブーム』って企画も今だったらアウトなのかな。めちゃくちゃヤリマンの人に「あんたとだけはやりたくない」って言われたことから始まったんだけど。

い　なんでヤリマンってわかったの？

や　その子が自分で「私はヤリマン」って言ってたから。「俺だってやりたくねえよ」って捨て台詞を吐いて帰ってきたけど悔しかった。

か　昔から思うのは、イケてる男とヤってるだけで、そこに自分たちは入ってないんだよね。

い　昔は色々やってたもんね。

か　『ふたりでいいじゃない』で外から電話で出演したの覚えてるわ。

い　今ここにいるからリスナー来てって言ってね。

か　夜中の2時に極寒の盛岡駅で待ってて、来た女の子とデュエットしようって。

や　歌いましたね。

か　途中で警察が来たから怒られるのかなって思ったら「何やってんの」「ラジオです」「大変だね、がんばって」ってすごくいい人だったなあ。

や　『夏の天パー甲子園』も面白かったなあ。

い　毛を送ってもらって対決させるやつだ。陰毛みたいなのがたくさん送られてきた。

か　そのくせ、すごい弱い毛とかあったりね。

や　TBSの人が本当に嫌そうな顔をしていたのを覚えてる。

い　聞いている方は何やってるかわからないもん。コロナ禍で一番やったらだめなコーナーだね。

か　シュッシュってアルコールで消毒してからやればいいじゃない。あ、そしたら弱っちゃうか。

や　なんでもデブが好きそうなワードに変換する『世界デブバレー』も面白かったな。

い　タイムマシーン3号のネタその

CORNER TALK

ものだね。

や　M-1のネタがここからインスパイアされた可能性は否定できない。

か　初期は実験的なコーナーも多かったね『しょうゆをかけたら、おいしいよ』なんて伝説のコーナー。

い　ずいぶん狭いところ攻めたよね。

や　しょうゆをかけておいしかった時の面白エピソードを教えてくださいって、そんなのあるかよ。

か　『北はあっちだよ』も北がわかったときの面白エピソードをくださいってそんなのないよ。

い　ほにゃららの時の面白エピソードってのが当時はやたら多かったけどそんなのないんだよ。

い　『パンツ見たいなー選手権』はイベントでやったけどこれはすごかった。どんどん盛り上がっていくのが楽しかった。

か　リスナーの声が聞けて良かったよね。

や　その逆に『ムラムラムラさんのネットリ解説』はコントから派生したコーナーなんだけど、最後はエロダジャレをいうだけのコーナーになってしまった。パターン化するとやめちゃおうかってなる。

か　記憶に残るコーナーってあるよね

や　思い出深いのは、さっきも話に出したけど、やっぱり『生きててよかった10個の事柄』。自分で考えたコーナーだし、10個というのがおもしろかった。

い　後半になると、だんだん小説みたいになって価値観さえ変わってしまうんだよね。不思議なものをひねり出したときの面白さ。

か　小説読ませてもらったみたいな感動があったりね。

や　人の半生を聞いているようで、こういうのはラジオではあまりないなって。そしてポジティブに終わるでしょう。ラジオでは聞いたことない読後感が良かったんです。

い　『エレ片を歌わせろ!』のコーナーも面白かったね。

か　あれはテンションが上がった。

か　結局1回も歌わなかったけどね（笑）

や　面白かったコーナーはやっぱり続いている。ということは今やってるコーナーが一番面白いんだろうね。

続きは「エレ片のケツピ!」のポッドキャストでお楽しみください!

CORNER TALK

CORNER LIST

- アニメの話聞かせてよ!
- あの子と付き合いたいのコーナー
- あれがエレ片です
- ananレポート
- 生きててよかった10個の事柄
- イケてない自慢
- イパネマの娘を訳そうよ!
- 今立・片桐からの
今週（今月）のお願い
- ウソ占いのコーナー
- ウソテク
- S級今立、貸します!
- FMラジオのコーナー
- エレ片Podcast検定
- エレ片を歌わせろ!
- ミュージックリクエスト
- エロイ話聞かせてよ!
- エロ悲しい
- 俺、偉人かもしれません
- 俺のベスト3
- 俺の法則
- 俺の名言
- 俺を怒らせたことを後悔するがいい
- ガールズトークレポート
- カオポイント石橋の
クイズモテモテゼミナール
- 郭弾当に質問
- 片桐仁のうろ覚えステーション
- 片桐仁の架空歴史講座
- 片桐大統領
- かまし
- ガン無視
- 聞こえちゃった!
- 北どっちのコーナー
- 北はあっちだよ! のコーナー
- 逆なぞなぞ
- キヨワバトル
- キラキラいいにおい
- きれいな石を拾ったよ
- きれいなまるがかけたよ
- 金色冬生
- クイズ
さて僕はどうしたでしょうか?
- 下品ツッコミのコーナー
- 恋文ボクシング
- 高齢者川柳
- コーナーのコーナー
- 細かすぎて伝わらない粋
- こりゃ、ついてないぜ!
- 三国志VSガンダム
- 幸せおすそ分けプレゼント
- 自由研究のコーナー
- しょうゆをかけたら、
おいしいよ! のコーナー
- しょぼい恨みのコーナー
- 仁ちゃんやで
- すれ違い通信のコーナー
- 正解ツッコミのコーナー
- 世界　卑屈発見!
- 世界デブバレー
- 世界寝言陸上
- その活動、何なんだよ!
- タイムマシンでアドバイス
- 抱きしめたい!
- 誰でも名言のコーナー
- 太朗とウロコ
- つっこみハイライト
- ツンとくる川柳
- ツンとくるニュース
- 天才の振る舞い
- 東京タワーのコーナー
- ドキドキかずきメモリアル
- ときめき大学校則
- 読書感想文
- 隣のチャラペラ君
- 泣いて馬刺を食う
- 夏の天パー甲子園
- 夏休みの日記のコーナー
- バカ辞書
- バカ証明
- バカペディア
- はじめてのコント
- ハズレガチャ考えました
- パンツ見たいなー選手権
- 卑屈サンバ
- ひみつの若手ちゃん
- ふたりでいいじゃない
- 僕らの知らない武田信玄
- 勃起小噺
- 勃起名言
- ミドルネームを授けよう!!
- 宮崎県産日向夏プレゼント
- むしろ哲学
- ムラムラムラさんのネットリ解説
- やさしさチャンス
- やついロックフェス
- ヤッターズ飯田のズバリ
言います!
- YattDogPress
- ヤリチンブームのコーナー
- ヤリヤリシックスティーン
- 勇者のコーナー
- 夜のあいつ
- よろしくテクニック
- らしいよ!
- ラジオネーム襲名大喜利
- 竜馬のコーナー
- 「呂布見ました」のコーナー
- ルーツ
- 私の頭の中のヤンキー
- 我ら!ガンセク学園
- ワンフレーズ替え歌

CORNER TALK

郭弾当 最初は『爆笑問題カーボーイ』のヘビーリスナーだったが、気がつけばエレ片リスナーの重鎮に。2018年TBSラジフェスの「マッスル選手権」では、居並ぶリスナーの中からやついが最初に目をつけた逸材。

シロバンタン ネタの採用率が高いことで知られる。ラジオネーム襲名大喜利をはじめ、どのコーナーでもとにかく採用率が高い。ネタといえば彼。飄々としたキャラクターだがエレ片愛はピカイチ。

玉金ピロリロ 久々に生放送が行われた回では、赤坂のカラオケ屋の部屋を押さえて聴取したという筋金入りのヘビーリスナー。深夜3時にリスナーに集合を呼びかけたところ集まったのは彼だけだった。

鮭缶 リスナーのアイコン的存在といえばこの人。イベントではやついに絡む姿が常に目撃されている。口の悪さはファンの間でも有名だがエレ片への愛情は疑う余地がない。

「卑屈」「妬み」「性悪」を兼ね備えた根っからのエレ片リスナーです。（すべてD嶋田談）

座談会という名の集会。ゴリゴリのリスナー4名に本が出ることを知らせずとりあえずお集まりいただきました。司会進行は編集部、D島田も同席して様子を見守ります

（収拾がつかなくなったら飛び出してくる予定）

鮭　あ、本が出るの？本を出すなんて放送が終わりそうで心配。（編集注・インタビューは昨年11月）

シロ　皆さんは面識あるんですか？

郭　鮭缶さんと面識あります。ポッキーゲームを強制されました。

鮭　あ、お前か。こいつはへたれですよ。９月にやついさんが主催したＢＢＱで、酔っ払ってポッキーゲームしようと誘ったら断るんだから。

郭　嫌に決まってるだろ！　皆さんとは時々ツイッターのアカウントでやりとりするくらい。

――皆さんのエレ片にハマったきっ

（インタビューは2020年11月18日にZoomにて実施）

か？

鮭　放送が始まった2006年からたまたま聴いてるんだけど、この番組はすぐ終わりそうだしファンも少なそうだから、ネタを送ってみるかなって。まんまと2回目から読まれまして、読まれるから送るが繰り返されてここまで来ました。この番組は電波とリアルの融合が多くて、さらにハマった感じです。

シロ　僕は職場の先輩に彼女を寝取られて、精神的にどん底のときにエレ片と偶然出会いました。最初は「あ、片桐さんだ」と思って聴くようになったんですが、「俺よりもっと辛い人がいる」「俺ってそんなに辛くない」「なんとかなるさ」って思わせてくれたのがこの番組でした。あのとき聴いてなかったらどうなったんだろう。

郭　2010年なので中2のときですね。たまたまつけたラジオから流れてきて、当時ブレイクしてた楽しんごさんがゲストで、下ネタがすごすぎて、思わずお母さんに報告しちゃったくらい。

――中学生には刺激が強すぎましたか？（笑）。

郭　ナイナイのオールナイトニッポンで下ネタに免疫はあったんですけど、それを凌駕してました。当時の僕の周りの男子はエロいワードを深夜ラジオで学んでいましたよね。大人の入り口でした。

玉　僕は東京に来た8年前から聴いています。当時、銀座の居酒屋で夜遅くまでバイトしていて、終わると終電がないから、住んでいた勝どきの家まで歩いて帰ってたんですね。たまたまその時間にやってたのがエレ片だった。宇多丸さんとエレ片の番組のあいだに、松尾貴史さんが専門家を呼んでまじめな話をする番組があって、その後に流れるから、すごい落差でした。ラジオの振れ幅の大きさが面白かった。

――なるほど、皆さんどんなタイミングで聴いてらっしゃるんですか？

郭　前職を辞めて、今は学生をやっているので、週末の夜に夜更かしして聴いてます。

シロ　僕は家事やってる時や、仕事の移動中などにタイムフリーで分散して聴きます。実は子供ができたばかりで、家事や育児でバタバタで、嫁も実家に帰るし、ラジオ聴く時間なくて、2時間を捻り出しています。だからこそ、心の癒やしなんです。昔から飽きっぽいんですが、ずっと続いているのはこれくらいですね。

玉　僕はいつもオンタイムで聴いたり、後から聴いたりとまちまち。仕事が忙しくてリアタイできないときは、移動中に聴いたりもしますね。

鮭　僕は聴いたり聴かなかったり。だいたい家だけど、ポケGOをしながら聴くこともあります。オンタイムで聞くのを忘れて、エゴサーチで自分の悪口を見つけることもある。おいおい、またやついさんが騒いでるなって思いますね。

――リスナー冥利に尽きるお話ですね（笑）。

玉　この番組は普通の深夜ラジオとはちがうんですよね。なんと言ったらいいのかわからないけど……。

島田　みんな、僕がいると喋りづらいようなので、ここで抜けますね。

鮭　うわ、自己評価高いな。島田さんってプロレスっぽいことを仕掛ける人。うるさいけどラジオ愛を感じる。

郭　やっぱりラジオって一番身近な存在で、パーソナリティやスタッフにも親しみを感じますよね。気軽にパーソナリティと繋がれるのはラジオの魅力。メールやハガキの反応も聞けるし、テレビでそんな番組ってほとんどないでしょう。ラジオは受け手も活躍できる。

シロ　いいことも、悪いところもラジオなら受け止めてくれますからね。こんな場は他にはない。

玉　芸人さんの深夜ラジオって、投稿ネタに対して、頑張って盛り上げようとすることが多いけど、エレ片の3人は好みと違うのが採用されると、普通に無言になるのがめちゃくちゃ怖いです。嘘をつかない感じが、他の芸人のラジオと全然違うなって。ネタではなく、本気で突き放す時が結構あるんですよね。

――そうなったら、せっかくネタが読まれたのに心が折れるっていう感じですか？

玉　折れます。それでも送るのは、ライフワークではないけど、自分が存在しなかったら、世の中に出なかったかもしれない。そう思って送るようにしている。

シロ　僕の採用率が高いって言われたけど、それは昨年、一昨年の話。子供ができてからはネタも送れてないけど、今回みたいに声がかかるってうれしい。島田さんはエレマガのズーム飲み会で見たことがあったけど、思ったよりちゃんとしてるんだなって。面白く見せる努力をしているんだなって感じました。

郭　島田さんは真面目。

シロ　頭がおかしいなと思うのは片桐さん。

郭　片桐さんは止められないから。

玉　片桐さん一番普通な気がするけど、あの中で普通でいるのが狂っているとも思う。自分をなくさず、マ

LISTENER ZADANKAI

イペースなのがすごい。リアクションがすごく普通で、やっぱり一番おかしいのかもしれない。

鮭　今立さんがやばい。上田さんへの説教はアルハラパワハラじゃないかハラハラする。アルコールで身を持ち崩さないか心配。まともなのはおそらくやつい。片桐さんはほっとする役割を担っていますよね。

シロ　片桐さんがいじられて輝くタイプだってエレ片を聴いて知りました。犬がサンドイッチ食ったからって犬に喰いついたり、こいつヤバいじゃんって。ラーメンズの頃は謎多き存在だったけど、こんなにヒューマンなんだって感動した。エレキは片桐さんの一番おいしい食べ方を教えてくれます。

——ハガキが読まれた時の反応って皆さんどんな感じですか？

シロ　最初は一通だけの軽い気持ちで書いたんですね。それが初めての投稿でまさか採用された。ラジオから自分のネタが聞こえた瞬間、その時は風呂に入っていたんですが、思わず湯船から立ち上がってしまった。嬉しくて嬉しくて。好きな芸人が自分の書いた内容を読んで、あーだこーだ言ってくれる。それが嬉しかった。あの嬉しさは今でも変わらないです。

郭　変わらないですね。

玉　まったく変わらない。読まれるだろうなって思って送った方ではなく、あっちが採用されたのかという感じも楽しい。どれだけ自信があるネタでも、手が震える感じは変わらない。

シロ　僕は放送が始まると、ジッと座ったまま待ち続ける。ラジオネームの最初に「し」がつく人が読まれると、一瞬「あっ」て思って、それを繰り返す。読まれた瞬間には緊張で背筋がピンとなります。

郭　自信があるネタというのはもちろんあるけど、4本送って3番目に自信があるネタが採用されスタジオがシーンとしたこともある。ちょっとしたギャンブル感覚ですね。

玉　偉そうなことを言わせてもらいますと、番組ごとに読まれる書き方ってあるんですね。金玉を「たまきん」と言うパーソナリティと「きんたま」と言う人がいるように、それを突き詰めると、書き方が決まってくる。最近はあえて、このネタを通せたら俺の勝ち、という気持ちで送っています。そういう意味ではギャンブル。

——エレ片を試している感覚ですか？

玉　自分がいないと存在しなかったものが、ラジオを通して表現できたらいいなって。早いもの勝ちなネタだったら自分じゃなくてもいいんです。自分と同じ気持ちや、立ち位置の人がラジオの向こうのどこかにいるんじゃないかって思いながら書いてます。

鮭　昔は熱心に書いたけど、最近は忘れちゃうことも多い。コーナーが終わってから書こうとしてたことを思い出したり。老いって悲しい。

シロ　「はたらくやかん」というリスナーがいて採用数のランキングを作っていたんですね。郭弾当さんのコーナーがポイント稼げるから、送ってみようかなって10通送ったら8通読まれた。誰も送ってないのかって思った。

――皆さんそれぞれにとってエレ片の神回はどの回ですか?

玉　エレ片以外に好きなのが甲本ヒロトで、自分が好きな第1位と第2位が同じ番組に出た時は感動しました。もともと、ヒロトがエレ片を聴いてるなんて知らなかったけど、絶対に好きだろなと思ってたんです。それが現実になった。放送の日は、いてもたってもいられなくて。ラジオを取り出して、近くの公園で聞きました。ラジコのちょっとした数秒の遅れも嫌だった。ただただ2時間幸せで、CMさえも愛おしかった。この時間がずっとずっと続いて欲しいと思っていました。

郭　「いつもここから」の2人が来た時ですね。ツッコミハイライトで「かなしいとき〜うんこしたいとき〜」ってのがハネて、スピンオフ企画で実際に呼んだんですが、そのときは爆笑しました。

シロ　印象に残っているのは、今立さんがホモのキン肉マンを歌った時。歌っているだけなのに面白い。今立さんのポテンシャルを再確認しました。

郭　クイーンの「ウィ・ウィル・ロック・ユー」を犬の物真似しながら歌うのも面白かった。

鮭　ずっと聞いているからたくさんあるけど、やついさんが高知に行く企画を立てていたときに、人が集まらなくて、みんなに「お前も来い」って、ジャンケンをやり続けるポッドキャストが面白かった。ジャンケンに負けたらいかなくちゃいけないってルールを決めて、ジャンケンを延々とするだけ。そのあとゴウさんに会ったときに「冗談ですよね」って聞いたら。「やついさんはいつも本気です」って言ってましたね。

――エレ片はリスナーとの繋がり方もおかしいですもんね(笑)。

郭　おかしい。集客力も段違い。

鮭　昔からリアルイベントの集客力がやばい。由比ヶ浜でイベントをやったときは、他の番組の3倍くらい

LISTENER ZADANKAI

来ていたんじゃないかな。

玉　僕もそれを知っていたから、生放送の呼びかけに応じて現場に行ったら待っていたのは僕一人だった。少なくとも10人はいるだろうし目立たないだろうって思ってたらまさかですよ。下で待機してたらエレキのマネージャーの上田さんがカイロを持ってきてくれて、その後片桐さんが来て少しお話しました。真冬ですごく寒かったことを覚えてます。

シロ　僕は直接呼びかけられました。やついさんが鳥取でイベントやるときことになり、僕がハガキを送り始めていた頃で、「鳥取だよな、イベント来てよ」って。2時間かけて遊びに行ったら「来てくれてありがとう」って写真を撮ってもらいました。

玉　僕はその後エレキのイベントでも顔を覚えてもらったんですが、実際に会ってみるとやさしくて、親しみやすいじゃんって思った。今思うとやついさんをちょっとナメてた。その凄さがわかると、こわくなってくる。記憶力も異常だし、気遣いもしてくれる。今は畏怖の念しかない。昔より緊張するかもしれません。

鮭　今立さんなんて、イベント会場でも普通に歩いてますよ。そして、自分より先に俺に気づいて声をかけてくれる。変な兄ちゃんが俺に手を振っていると思ったら今立さんだったこともある。

――皆さん「エレ片」に物申す、としたら何と言いますか？

玉　採用された人は感じてるけど、ステッカーの発送がすごく遅い。

郭　送ってくるだけいいっすよ。

鮭　昔はクオカードを手渡しされたり、年単位で遅いこともあった。グッズをもらえるって知らない人も多いんじゃないかな。

玉　島田がひどいんだ。かまいたちの番組（「かまいたちのヘイ！タクシー！」）でもひどいって有名だから。

シロ　今回のメールもそう。

鮭　そうそう、返事がぜんぜん来ない。最初は水曜にやるって話だったのに、延期しますって連絡が来るのが遅い。

郭　今回もなんの座談会かも言わないから、何をするのかわからなかったんです。

鮭　変なことに使われるのではという不安があった（笑）。

シロ　みんな不安だったんだ（笑）。

玉　ちょっとマイペース過ぎますよね。放送中にいじられているのを聞いてもそう思う。

郭　やついさんの逆鱗に触れた島田さんの説教回はよかったな。スマートニュースの動画で、ペッターくんがテンション低くて、島田さんも彼のテンション上げる努力をしなくて、それが今立さん、片桐さんに連鎖して、「メンバーだけで成立させようとしてんじゃねえよって。こういうのがリスナーを離れさせるんだ」ってやついさんがキレる。あれは面白かった。

鮭　エレ片はスタッフを含めたうちわネタの極北ですよ。リスナーのものまねとかも普通やらないでしょう。

――皆さんが思うエレ片のリスナー像ってどんな感じですか？

シロ　鮭缶さんがリスナーのアイコン、それくらいの存在ってことです。エレ片リスナーは心のどこかに負のエネルギーを貯めている。鬱屈した思いを現実世界では出せず、土曜の深夜にぶつけている。あの3人もそういうネタを選ぶ。それがエレ片らしさ。僕たちを面白がってくれる人がいるのは幸せ。救いになっている気がします。

郭　リスナー目線で言うと、前より投稿が面白くなっていると思います。これまで強烈なエピソードしか採用されないのでは？と思っていたけど、大喜利的なネタができる人も増えてきた。この番組は僕の人格を形成してくれた。人に叱ってもらえることってなかなかない。やついさんたちには感謝しています。これからも迷惑をかけるけどよろしくお願いします。あれ、終わるんでしたっけ？

シロ　高校の時からラジオを聞いていて、ネタ職人に憧れ、その気持ちを忘れたまま大人になった。でもエレ片が思い出させてくれたし、ネタ職人にさせてくれた。ありがとうと言いたいです。なんか終わっちゃいそうですね。

鮭　ある時、「イベントに来てくれてありがとう」って言われたんです。「生存確認ができてうれしいよ」って。簡単に死なないよ！　僕はハレとケを大事にして生きている。ラジオはケにあるもの。だからずっとそばにあって当たり前だと思っている。２００６年に大学院に入ったときに番組が始まったから、卒業と同時にエレ片も終わって欲しかった。でも、終わらないなら、末長く続いて欲しい。

玉　大好きなヒロトは10年単位でバンドを解散してきました。でも、クロマニヨンズは２００６年からずっとやめずに続いている。僕にとって彼らは同じ存在。かっこいいし、バカバカしい。「エレ片」はずっと終わらないでほしい。エレ片が続くのなら、親の死に目にあえなくてもいいって思っている。エレ片は今が一番面白くて一番かっこいい。いつまでも続いてほしいなって思っています。

LISTENER ZADANKAI

INTERVIEW

今立 進

会おうと思えば会える。それが「エレ片」の基本スタイル。

いつもは前に出ない。
だけど誰もが認める天才肌。
性格無比なたとえで笑いを必ず生み出す
ツッコミの魔術師が「エレ片」を語る。

舞台の稽古帰りで、遅くなっちゃってすいませんね。駆けつけ一杯？

いえいえ、酒を飲むと翌日は顔がむくむし、舞台も近いからあまり飲まないようにしているんですよ。セリフ覚えも悪くてね。ずっと酒ばかり飲んできたから、脳味噌も溶けてきちゃったのかな。でも、そんなに勧めていただけるなら、じゃあ一杯だけ。

エレ片の3人の話ですよね。出会いは大学時代。やついは一歳上で、大学の落研で初めて会いました。

小学校の時からひょうきん族の真似をしたり、みんなの前で笑いをとることの快感はわかっていたし、高校時代も漫才をやっていましたから、俺が入るからには黄金期を作ってやるくらいの強い気持ちで大学に入りました。

落研はとにかく居心地のいい場所でしたね。やついは部長だったんですが、最初からすごく感じが良くて、波長があったのか毎日1～2時間は電話で話していました。やついは一人暮らしで俺は実家だから電話代はこっちもち。先輩・後輩というより、お互いに面白いやつだなって思っていたんだと思います。

やついは自分にはない才能を持っていると感じていました。キレのある動きもそうだし、パッと思いつくフレーズだったり、考え方だったり。彼が考えるネタは自分にない発想だし、ときどきハッとすることを言うんですよね。相当な読書家だし、それこそカルチャーに対する造詣も深い。ライブに行ったり、演劇をみたり。もしかすると地方出身だからこそ、むさぼるように東京の文化を吸収していったのかも。僕は東京にいながら、何も追ってなかった。よくいう、「コンプレックスがないことがコンプレックス」っていうやつでした。

大学時代は金は無かったけど、楽しかったですね。やついが住んでいたスサキ荘に朝から晩までずっと入り浸っていました。

やついと出会って、僕の青春が始まったんでしょう。いい意味で巻き込まれたんですよね。あの人って暴走するイメージがあって、それを自分が止めてると思われているけど、一緒に暴走するのが楽しいんです。今も昔もコンビのバランスをとっているのは実はやついなんです。

ラジオではツッコミが多いけど、ボケたい時はボケるし、ツッコミながら実はボケていることもある。自分が面白いと思っていることが世間とズレたらおしまいだと思っているんですけど、ラジオって自分から全員に合わせる必要がないから自由にできる。リスナーの方から合わせにきてくれる面もあって、自分が面白いと思ったことをやっていい自由がある。

ラジオの収録中は、ゼロから笑いを起こしてやろうという気はなくて、純粋に面白くなるように転がしたいと思っています。話って勝手に面白くなるわけではないから、そこは自分の出番なんだと思う。

ツッコミを褒めていただけるんですが、いくつか頭で考えて、これが正解かなってのを出しています。2

個思い浮かんだら、頭の中で一瞬噛み砕いて、いいと思った方をすぐに出す。あの中だと一学年下といういい位置にいる。どんなスベり方をしても必ず骨を拾ってくれる。
自分とは逆に、猫じゃらしを見つけた猫みたいに、すぐに目の前のことに反応するのが（片桐）仁ですね。彼はパッて頭に浮かんだものをすぐに口に出しちゃう。彼は昔から本能的なセンスの良さがあって、大学在学中の「冗談リーグ」という大会で知り合ったときもめちゃくちゃ面白かった。
プロになってからも、毎月の事務所ライブで競い合う良きライバルでした。ライブの企画を下北沢の片桐家で二人で考えたり、一緒にオール

今立進：1975年東京都生まれ。エレキコミックのツッコミ担当。1997年にエレキコミックを結成。2000年にNHK新人演芸大賞（演芸部門）を受賞。2010年にはキングオブコント決勝進出。かつては女性誌の企画でバスツアーを行ったことも。

ナイトニッポンを聴いたり、昔から友達として付き合ってきました。ラーメンズって尖った笑いをしていたけど、僕はバカな笑いが好きだった。その違いがあったけど、互いに意識していたと思う。

今や国民的な人気者になったけど、エレ片の中での立ち位置は変わってないんですね。だから、仁にとっても楽だってのがあるんだと思う。どんなに彼が人気者になっても、俺たちは変わらずイジっていくし、演技をしなくてもいいから。もしも俺らがちやほやしたら、痛い目に合うかもしれないでしょう。俺らが厳しかったから、彼は天狗にならなかったんだと思いますよ。

仁は気がついたら下の名前で呼ぶようになったけど、やついと二人でいるときになんて呼べばいいのか、実はいまだにフラフラしているんです。話しかける時は「やついさん」とは呼ばないから、ゴニョゴニョとごまかしています。2021年中には決めないといけませんよね。

やついと二人で飲むことはほとんどなくなりました。思い出すのは2016年、結婚届を中野区役所に出したあとブロードウェイを歩いていたら、前からやつい夫妻が歩いてきたんです。これこれこうと説明したら「飲むか」って。やついってそういうことをしないキャラだったけど、祝わない方がカッコ悪いと思ったのかなって。わざとぶっきらぼうな対応をする方がカッコ悪いって思ったんじゃないですかね。歳を重ねてやついも変わったんだなって。

青春を共にした仲間が、これからどういう関係性に変わっていくんでしょうね。夫婦のようにずっと一緒にいるコンビってどんな話をしているんだろう。解散して次に進んでいくコンビも多いですよね。それはそれでいいことだけど、自分としてはやついと二人でエレキを続けていきたい。なぜならエレキは僕たちの居場所だし、それを維持するために頑張っているのかもしれない。

やついは先々まで考えるのが得意で頼もしい存在ですよね。僕は目の前の素材をどう処理するかで精一杯。目の前のことしか見てないから、防御もかなり緩い。八方向のうち二方向くらいを固めて「よし」と思っている。バイオハザードだったらすぐにやられる。

一人っ子で競争は好きじゃないし、自分が一番にという気持ちは全くない。4人で3つしかお菓子がなかったら「いらない」って言ってしまう。

争いを好まないし、引っ込み思案。

　だからこそ、ボケからツッコミになったときに、すごく自分の性格とフィットするのを感じたんですね。

　なぜか。それは自分の一言で、誰かのボケを引き立てることができるから。自分が目立たなくてもやりがいがあるし。ボケを言った人が面白くなれる。エレ片だったら3人のうちの誰かがウケればいいんです。だから気が楽だし居心地がいいのかもしれません。

　最近の楽しみはやっぱり酒ですね。酒を飲むと後輩にクダを巻いたり、説教したりする人いるじゃないですか。昔からそういうやつが本当に嫌いだったんですけど、歳をとってまさか自分が同じことをしているとは思いもしませんでした。酒を飲んだ日の醜態を聞かされ翌朝は死にたくなります。

　だから、最近は遠出をせず、自宅近くのホルモン屋ばかり行ってますね。動画に上げたらリスナーも来るようになって、僕のボトルを勝手に飲んでいい「GoTo今立」システムが生まれました。店に行ったらもしかすると飲んでいる僕に遭遇するかもしれません。会おうと思ったら会える。これはエレ片の基本スタイルですよね。

　最近はエレマガの飲み会をZoomでやることも多いんですが、俺たちがいなくてもリスナー同士で盛り上がっていることがあるんです。俺はそれを見ながら酒を飲むのが楽しい。自分たちがそういう場を作れたことが素晴らしいなって思うんです。

エレ片コント公演

エレ片コントライブ〜コントの人3〜
2009年9月1日〜6日
新宿シアターサンモール

エレ片コントライブ〜コントの人2〜
2008年10月21日〜23日
原宿クエストホール

エレ片コントライブ「コントの人」
2007年12月21日〜24日
恵比寿ガーデンルーム

エレ片コントライブ〜コントの人6〜
2012年3月15日〜20日
東京・吉祥寺前進座劇場
2012年3月27日
愛知・名鉄ホール
2012年3月29日
大阪・サンケイホールブリーゼ

エレ片コントライブ〜コントの人5〜
2011年3月27日
愛知・名鉄ホール
2011年3月28日
大阪・サンケイホールブリーゼ
2011年11月16日〜21日
東京・吉祥寺前進座劇場

エレ片コントライブ〜コントの人4〜
2010年7月21日〜25日
東京・六本木俳優座劇場
2010年7月30日
大阪・サンケイホールブリーゼ
2010年8月1日
愛知・デザインホール

エレ片コントライブ〜コントの人7〜
2013年1月11日〜16日　東京・草月ホール
2013年1月19日　愛知・中村文化小劇場
2013年1月20日　大阪・サンケイホールブリーゼ
2013年1月26〜27日　福岡・イムズホール

エレ片コントライブ〜コントの人8〜
2014年1月30日〜2月9日
東京・銀座博品館劇場
2014年2月14日・15日
愛知・東別院ホール
2014年2月16日
大阪・サンケイホールブリーゼ
2014年2月22日・23日
福岡・スカラエスパシオ
2014年3月1日
北海道・札幌市教育文化会館小ホール

CONTE NO HITO

ELEKATA

歴代ビジュアル写真館

エレ片コントライブ～コントの人9～

2015年2月4日・5日　東京・渋谷区文化総合センター 大和田 伝承ホール
2015年2月8日　北海道・かでるホール
2015年2月15日　岡山・おかやま未来ホール
2015年2月27日～3月8日　東京・草月ホール
2015年3月14日　大阪・サンケイホールブリーゼ
2015年3月15日　愛知・名鉄ホール
2015年3月21日　福岡・西鉄ホール

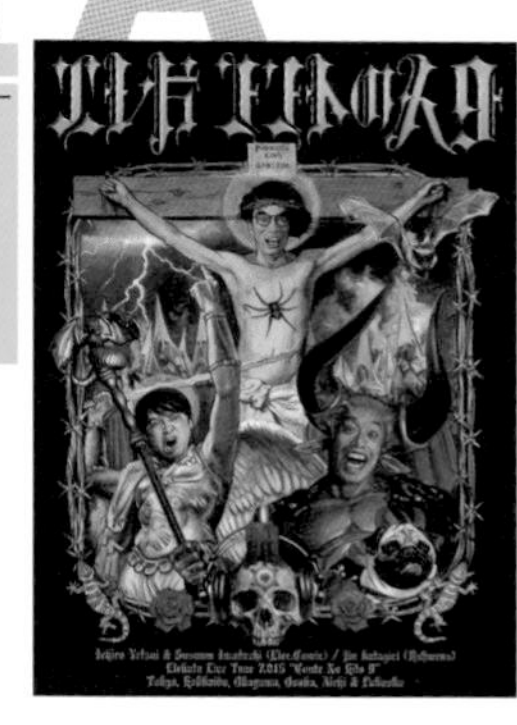

エレ片コントライブ～コントの人10～

2016年2月19日～28日　東京・草月ホール
2016年3月5日　大阪・サンケイホールブリーゼ
2016年3月12日　福岡・スカラエスパシオ
2016年3月13日　岡山・おかやま未来ホール
2016年3月19日　北海道・かでるホール
2016年3月21日　宮城・仙台市福祉プラザ ふれあいホール
2016年3月27日　愛知・吹上ホール・メインホール

エレ片コントの人・傑作選

2017年10月7日
日経ホール

エレ片in両国国技館

2016年12月28日
両国国技館

エレ片ライブ
「光光☆コントの人」

2019年2月14日～18日
東京・東京グローブ座
2019年3月2日
大阪・サンケイホールブリーゼ
2019年3月9日
愛知・東別院ホール

エレ片「新コントの人」

2018年1月10日～14日
東京・東京グローブ座
2018年2月24日
愛知・吹上ホール・メインホール
2018年3月3日
大阪・サンケイホールブリーゼ

エレ片コントライブ
「OKコントの人」

2021年2月3日～7日
東京・銀座博品館劇場
※2月7日 13:00と17:00の回は e+ Streaming+にて生配信

エレ片「Love Love コントの人」

2020年1月29日～2月2日　東京・銀座博品館劇場
2020年2月5日・6日　愛知・東文化小劇場
2020年2月8日　大阪・エル・おおさか エル・シアター
2020年2月15日　福岡・都久志会館

INTERVIEW

片桐仁

家族より歴史が長い「エレ片」

一番年上だけど、3人の中で一番ピュア。思ったことを素直にそのまま口にしちゃう、永遠の少年が思う「エレ片」とは?

昔からゴッホになりたかったんです。自分の創作意欲を満たしてくれるのは絵しかないと思っていたから、まさかこんなふうに人前で何かをやるなんて思ってもいませんでした。

目立ちたいという気持ちはどこかにあったけど、運動はできないし、得意なのは図工しかなかった。公文をやってたから高校まで勉強はできたけど、それ以上に見た目のコンプレックスが大きかったんですね。人から言われたこともあるし、自分でもそう思っていました。それも個性だってことは歳をとった今なら思えるんでしょうけど、昔は「かたぎりじん」という名前も恥ずかしかったんです。「なんでひとしじゃないんだろう」って。だから、大学に入ったら何かを変えたくて必死でした。

お笑いを始めたのは賢太郎に誘われたからです。当時は冗談リーグというのがあって、略してJリーグ、きっとサッカーを意識したんでしょうね。明治・早稲田、法政、慶應、立教とか6大学の人たちが中心になって活躍していた大会でした。

当時はネットとかもないから、学校に案内が来たのを学生課が教えてくれなくて、気がついたら締切が終わっていて、第1回は出れなかったんです。エレキたちも第1回出てないと思います。

都心の大学にはお笑いサークルがいっぱいあって。そりゃ八王子の山奥の大学でお笑いやってるやつがいるなんて思わないですよね。エレキも今立のお母さんが新聞を見ていて冗談リーグに気付いたって言いますから。

2回目から参加したんですが、エ

片桐仁：1973年大阪府生まれ。埼玉県育ち。1996年小林賢太郎と共にコントグループ・ラーメンズを結成。2020年コンビとしての活動を終了。俳優として、TBS『99.9-刑事専門弁護士-』などに出演。13年には、粘土による造形作品を制作し個展を行うなど、幅広い分野で活躍。

ース級を揃えた各大学に対して、初参加のやついたちが優勝をさらっていったんです。あれは衝撃的でしたね。

やついはコロコロコミックス、今立はポゲムタでしたっけ。最初に会ったときはやついのコミカルさがとにかく印象に残りましたね。表情、髪型、歯。こんなインパクトのあるやつがいるんだって。さらに、見た目だけじゃなくて話をしても面白いし、何でもボケてくる。スキのないお笑いマシーンみたいでしたから、これは勝てないなと思ったことを覚えています。

その後、やついが演劇に詳しいことがわかっていろんな話をするようになりました。昔から演劇に憧れがあったけど、多摩美の演劇部にはこわいから入れなかったんです。ちなみにラーメンズがきっちりと台本があるストーリー仕立てだったのは、自分がフリートークができなかったからです。

今立の実家と僕のアパートが近くてよく遊んでいました。今立のアルバイト先のゲーム屋のバイト終わりに週1で毎週遊ぶようになりました。簡単に言えば波長があったんでしょうね。今立といると、何でも面白く返してくれるから、自分が面白くなったような気になれるんです。どんなにくだらないことを言っても、的確にツッコんでくれるからめちゃくちゃ気持ち良いんです。当時、相方にそれを言ったら「危険だぞ。お前じゃなくて今立が面白いんだからな」って注意されたのを覚えてますね。

やついは、生徒会長もやっていたしリーダー気質。落研、フェスと自分たちで道を切り開いて生きてきた。今立は優しいし、「あの二人に身を委ねておけば大丈夫」という安心感がありました。それは今も変わりません。

自分は流されるのが得意なんです。いつも周りに流されてきたから、家族ができた今でも、家庭での大黒柱感はゼロ。高いところの電球を換えるのは長男だし、風呂掃除は次男。嫁さんを頂点とする三角形があって、自分はその上にいるつもりだけど、きっと違う。すぐに同じフィールドに降りて戦っちゃうから、子供に同格だと思われてしまう。人との距離感を測るのが苦手で、大先輩と喋っている時に気がついたらタメ語になってて、周囲から「あれって仁さんだから許されるんですよ」って注意されることもあります。

エレ片が始まって15年が経って、

最初の頃とは色々と変わりましたよね。単なる若手から、中堅になって僕もテレビに呼んでいただけるようになりました。

でも、僕たちに対する周囲の見方は変わったとしても、自分たちの3人の関係性は変わらない。

放送が始まった頃は、自分は客を持っているという自負があったし、年齢も一番上で、ゲッターズ飯田くんに「仁さんがリーダーになったらこの3人はうまく回る」と言われたこともあってかなり気合が入っていたんです。でも途中で気がついちゃった。ラジオでやりたいことが何もないんだって。みんなで楽しく喋っているのが幸せなんです。

エレ片の第一回の公演は本当に楽しかったですね。エレ片の稽古はダラダラが特徴。ラーメンズの時は台本の「てにをは」まで細かく決めていたんです。エレ片も台本ありきだけど、気持ち良いリズムを最優先する。気がつくと、台本を横に置いてしまって、自分たちが楽しい方にどんどんいってしまう。それが楽しい。

芝居の話になってしまうんですが、これまで60回以上やっている舞台がありまして、セリフが体に入ってしまっていて、口が勝手に動いちゃう時があるんですね。そうすると演出の方に「この役の人はこのセリフを初めて言うんだ。この人はいきなりそんな動きをするかい?」って。「型じゃなくて心だ」ってよく言うけどそれって難しいなあって本当に思います。

この前、マキタスポーツさんと演技の話をした時、役者同士の距離感で芝居がうまい人、客に見せるのがうまい人、その両方がうまい役者がいるよねって。もちろん最後が一番良いんですけど、役者は客に見せた時の幻影があるから、それを追い求めてしまう。でも、本当は役者同士のやりとりと距離感を、客に伝えないといけないんだよなって。

「エレ片」の話に、ここで繋がるんですが、ラジオって基本的にはリスナーに向けたパフォーマンスですよね。だけどエレ片って3人の関係性があってそれを届けている。やつい、今立、と自分の3人のトークを笑ってくれている。ラジオは密室のなかで収録していて、それが客に届く。あ、舞台もこれの延長なんだなって気づいたんです。15年の経験が今の役に立っているのかなって。

あの場では少しでも芝居をすると、二人は敏感に反応して露骨に嫌な顔をする。剥き出しを求めているんですよね。本番中は面白いって思うと、いつも傍観者になってしまいます。この面白い話をもっと聞いていたいなって思ってしまう。

3人の関係性が続く限りエレ片はずっと続いて欲しい。ラジオが始まった時のうれしさってすごかったんです。「信じられないよ、エレキと一緒にラジオやってるよ」って。当時は32歳だったけど、青春が始まったみたいな気持ちでした。

舞台やドラマはいつか終わります。でも、みんなバラバラの仕事をしていても、ここにくれば会える。必ず誰かがいる部室みたい。ここがなくなったら代わりになるものがないんです。

「エレ片」は僕の中で社会生活を営む上でもっとも小さい単位ですね。家族より歴史が長いから、あの二人が死んだら悲しいだろうなあ。最近、涙脆くてね。この前、犬が何度も生まれ変わる映画を観てすごく泣いたんだけど、きっとそれよりも泣くと思います。

エレ片を一言で？　難しいなあ、パンっていいの出ないけど、きっと「うんこ」ですね。とってもいい「うんこ」です。日常にあって、生きていく限り、体からどんどん生み出していくもの。排泄って大切なんだよ、というお話でした。

AL EP. REPORT

エレ片のコント太郎 最終回収録レポート

2021年3月末某日、ついにその日は訪れた。「エレ片のコント太郎」最終回収録現場はいつものように笑い声に溢れていた——。

20:00

▲エレ片のメンバースタジオ入り。事務所の社長などこれまでの番組関係者が続々と現れる。

▼放送で使用する音源の最終確認。

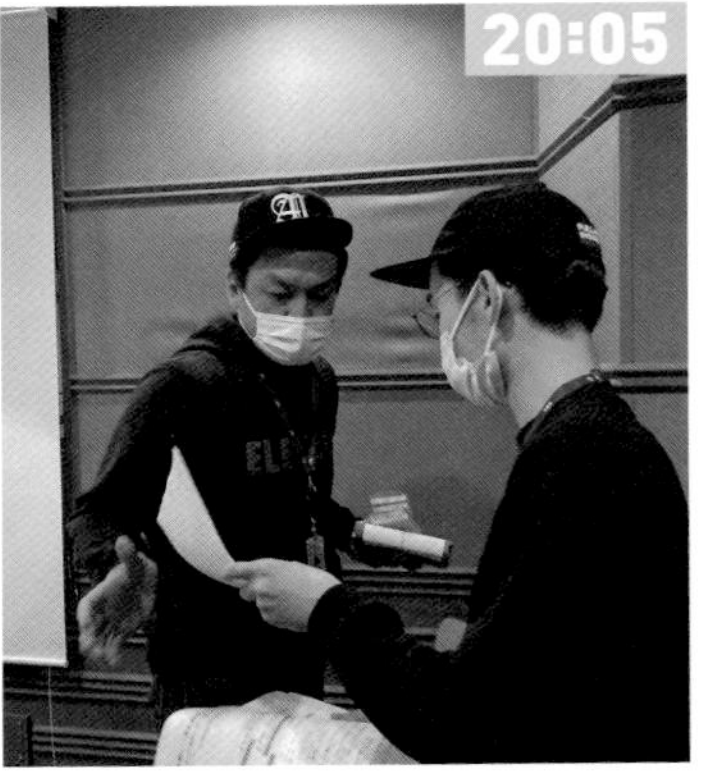

20:05

▶最終回の進行確認。島田は髭を剃り忘れたことを気にしているが、マスクなので特に気にならない。

20:07

番組ステッカーの話題に。

番組が終わるのに発注した島田に対して文句の嵐。

「なんで発注したんだろうね」

「最後の経費だし使ってやれって思ったの？」

何ヶ月も前から発注していたという情報を得て
やついが一言「焼いちゃうか」

「最終回だから人が多くて、島田が硬くなっている」（やつい）

▲島田Dからコーナーと進行の確認。新番組ではポッドキャストにコーナーを持っていくことの説明。ギリギリで増産してしまったステッカーは番組の本のノベルティにすればという話が出る。結論は先送りに。

◀事務所の社長が、差し入れを配って歩く。今日は「おつな寿司」の折り詰め。

「社長いつも寝るの早いから、もうすぐ寝ると思う」（やつい）

▼リラックスした状態で、最終回1分前。

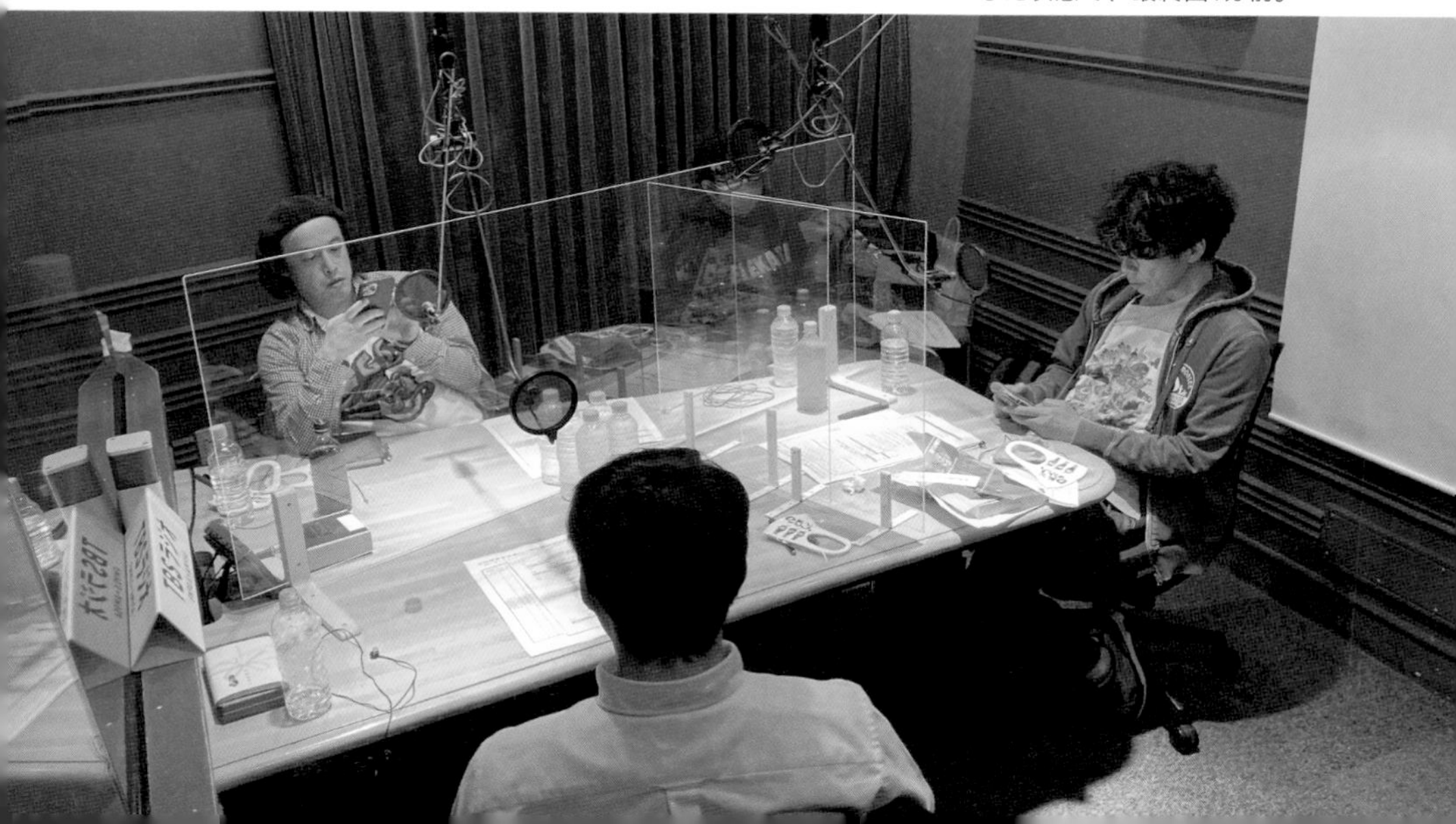

FIN

収録開始

20:23

マイクチェックを済ませ、最終回の収録がスタート。

「本当に終わるんだ感がすごい。スタッフがいっぱいきてくれた。

ありがとうございました。萩Pも来てくれた」


初代P萩原さんの話。

「あの人、今は偉いんだよ」

エレ片の記念すべき第一回の音源を聴く。

三人もスタッフも大爆笑「若いから元気!」「全然違うわ!」。

だが緊張も感じられ、トーク内容も「内輪受けを狙ってる」という話に。

「ずっとスタッフの話しているもんね」

その後、エレ片のPが現場に全然現れないという話から
「Pがコロコロ変わるでお馴染みエレ片」

「政権が安定してない」

「JUNKサタデーは戦国時代だから、Pはどんどん寝首をかかれている」

「ここを押さえれば覇権を取れるのにな」

「エレ片は玉璽って言われてる」

「言われてないよ」

やついお得意の歴史ネタを笑って見ている小川さん。

20:45

「炎のキン肉マン」が流れる。

この曲をみんなで歌うのもこれで最後。

「とかいって、これが新番組のオープニングになったりして」

と盛り上がる。

いい顔で歌っている今立の様子をペッターくんが押さえる。

21:05

15年の付き合いになるディレクター島田は最初はADだったという話から、先代Dに「毒をもったに違いない」と邪推する3人。「まるで南野陽子に浅香唯が毒をもったように」という今立のたとえに対して「10代にウケそうなこと言うなよ」とやついが突っ込む。これは10代の聴取者を増やしたいという新番組の狙いを踏まえたボケで、調整室にいたTBS関係者は大爆笑。

CMのたびに社長いじりをするやつい。「差し入りれ最初にくれたのは、早めに帰りたいからだよ。いつも早寝だから眠いんじゃないかな」本当に眠いのか室内を立ってウロウロする社長。

▲新番組の番組宣材を自分たちで撮影したが予算が足りなかったという話。デザイナーの太田さんがあまりの低予算にびっくりしたという話で盛り上がる。スタッフ失笑。その横で、小川さんと社長が「太い充電コードだね」「猫がかじるから丈夫で太くしたんです」という会話をしている。

▼コーナーの尺があまりそうで作家のゴウさんを呼んで相談をする島田。最終回もいつもと変わらぬ緊迫した風景。

21:40

「犬といえばこの前ね、太朗とうちの犬の散歩してたんだけど」

と片桐が話し始めた瞬間、

「ステッカーあげましょう」「いい話だね」と話の腰をおるエレキの二人。

今や伝説となった「どこ中さん」の話が始まり、ブースがざわつく。

片桐の覚えていたイメージと全く違っていたという話からCM。

CM中のエレ片の会話。

「すごいね」「不思議な話だね」「どれだけ目撃が信じられないかって話だね」

「モンタージュとかそうかもね」「頭の中で変換していたんだろうね」

「典型的な悪そうなやつと思って伊達ちゃんになっちゃったんだ」

「チンピラ感がわかりやすい」

「後ろ髪もないし、言ってみれば小太りのおじさんってことだね」

「そもそも片桐さんは怖い人に話しかけてないってことだよね」

「話が通じそうな人に話しかけたってことだ」

「確かに、ヤンキーに片桐が話しかけるとは思えないもん」

島田「はい。ジングルからツッコミハイライトに行きます」

22:01

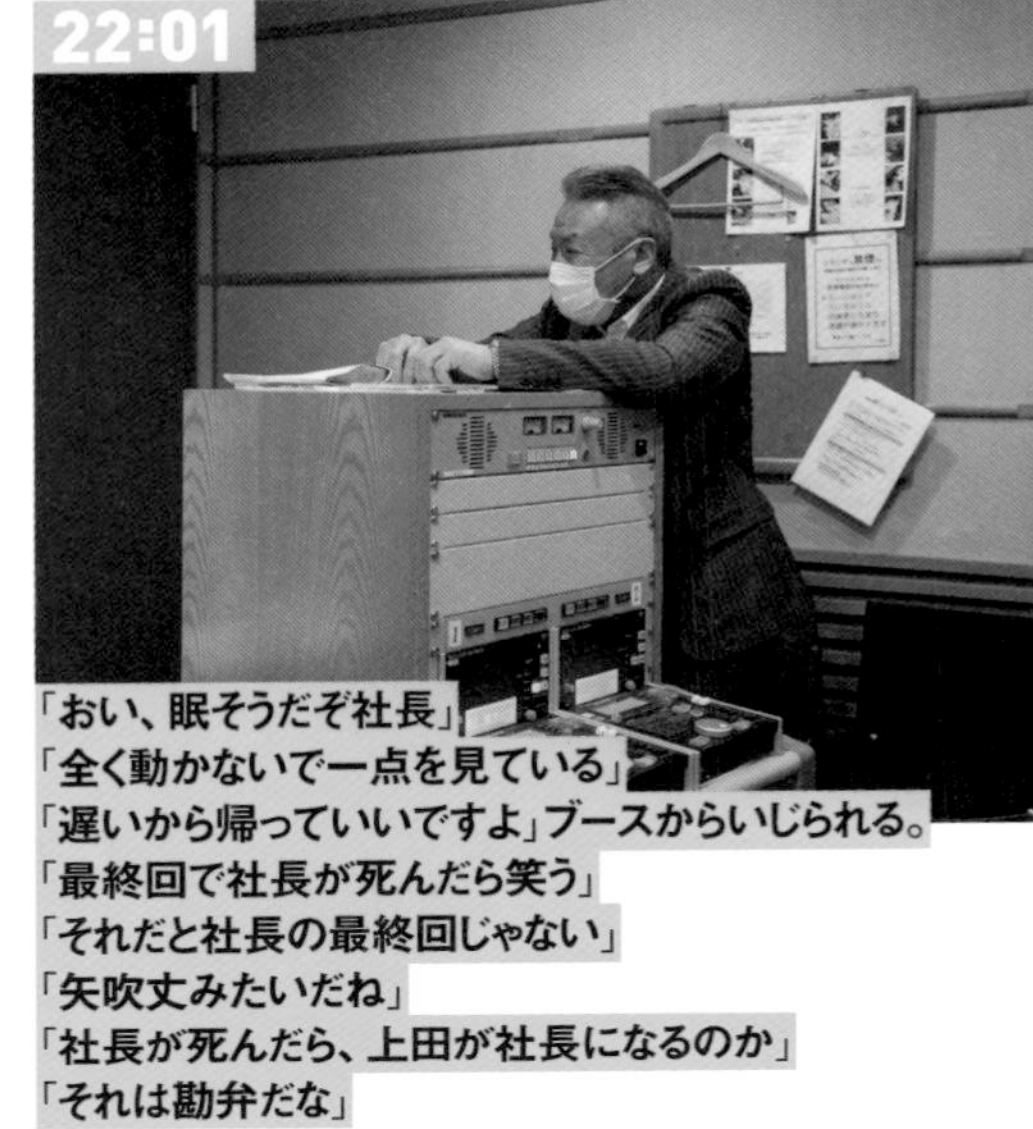

「おい、眠そうだぞ社長」

「全く動かないで一点を見ている」

「遅いから帰っていいですよ」ブースからいじられる。

「最終回で社長が死んだら笑う」

「それだと社長の最終回じゃない」

「矢吹丈みたいだね」

「社長が死んだら、上田が社長になるのか」

「それは勘弁だな」

22:15

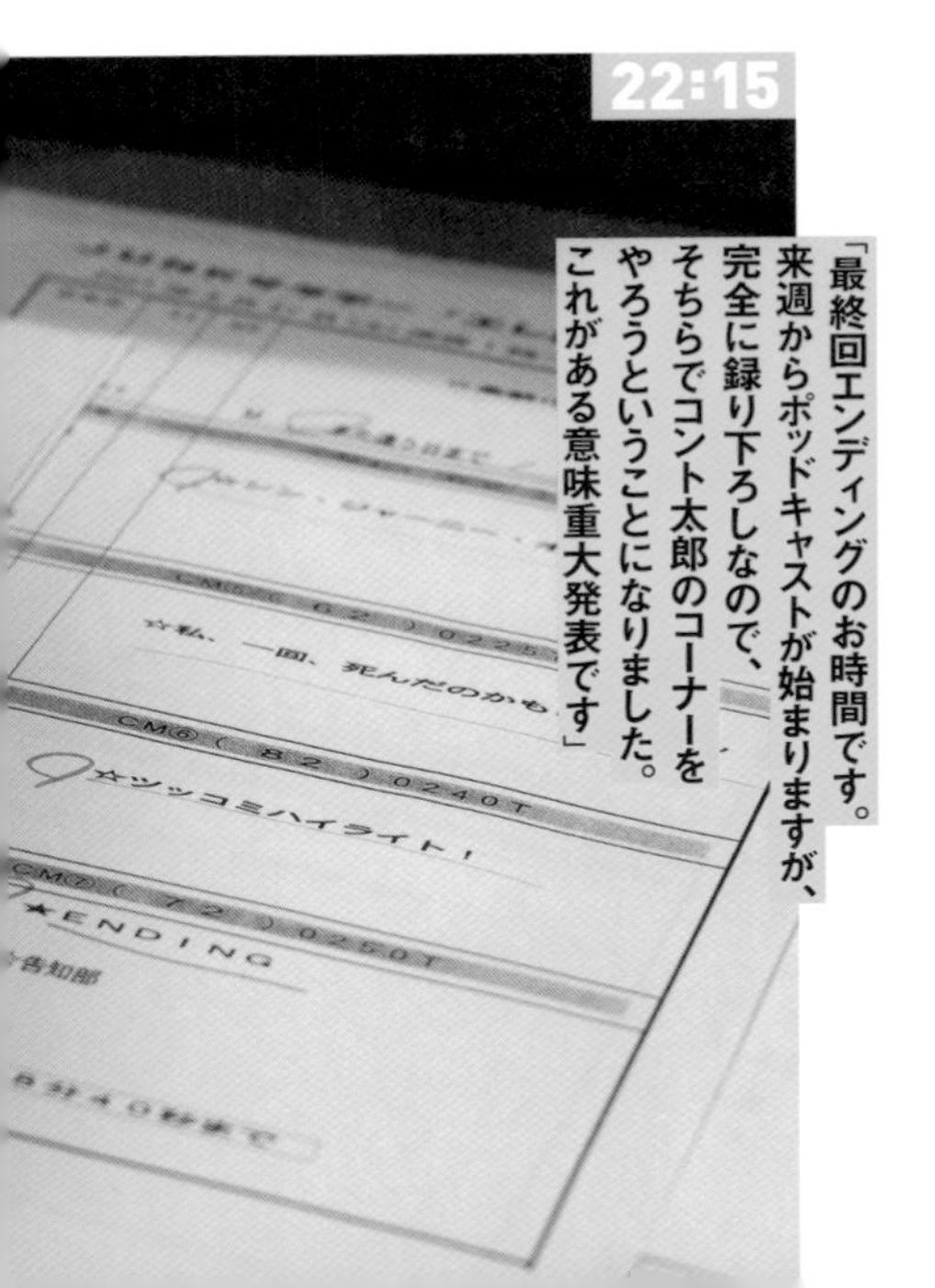

「最終回エンディングのお時間です。
来週からポッドキャストが始まりますが、
完全に録り下ろしなので、
そちらでコント太郎のコーナーを
やろうということになりました。
これがある意味重大発表です」

「15年やってきた感想を言った方がいいのかな」

「こんなに終わった感のない最終回ってないね。終わらないんだなって思いました」

「ケツビになって、違う番組になるけど、エレ片からそこまでの変化はないと思います」

「これまで15年間ありがとうございました」

「そしてこれを言うのも最後じゃないですか」

「月曜日のJUNKは伊集院光さん『深夜の馬鹿力』です。

15年間、ありがとうございました！」

スタジオの中と外で自然に拍手がわきおこる。

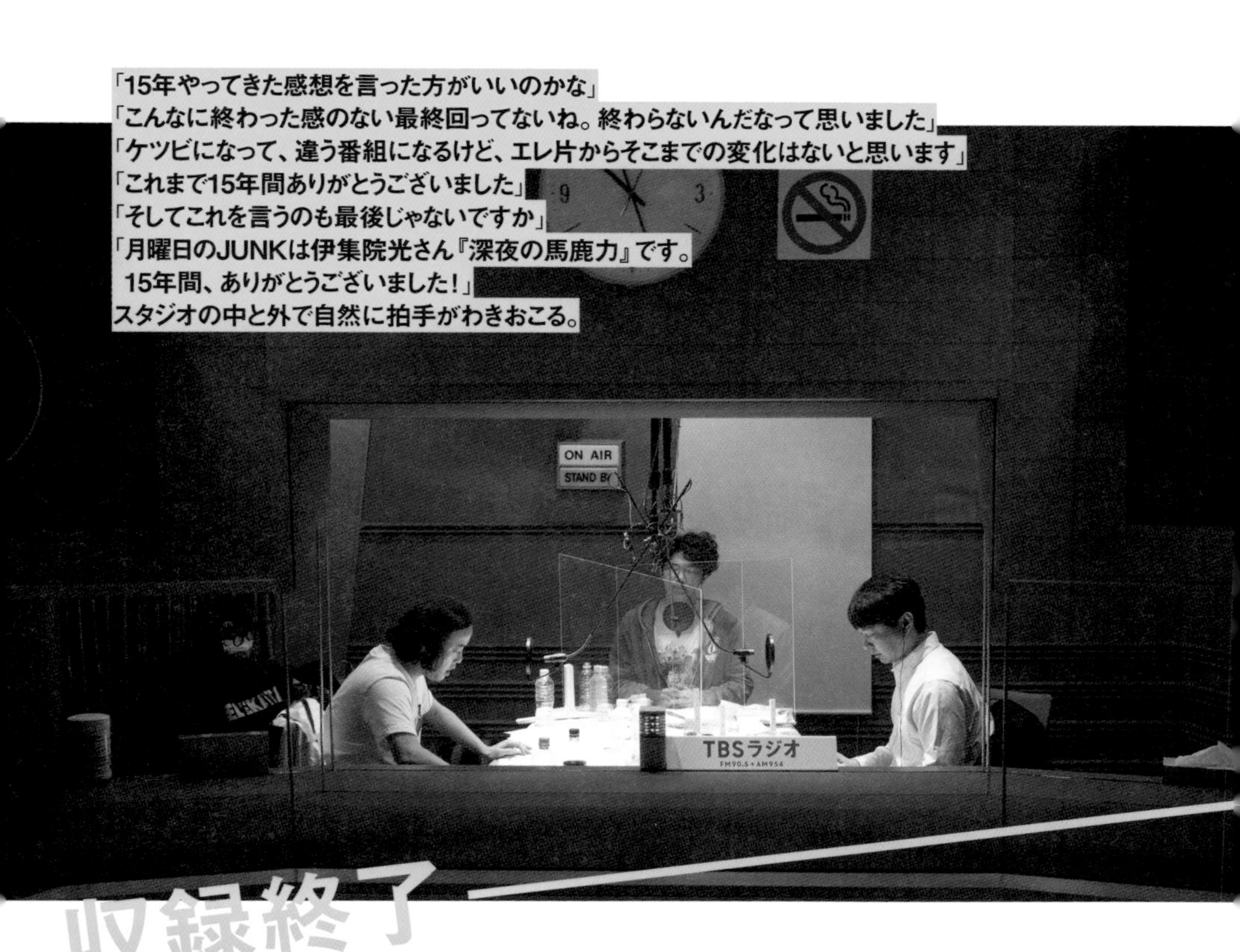

収録終了

ブースに社長が入ってくる。

「新番組は君たちのうんこちんこトークにかかってますから」

「これまでそんなこと言われたことありませんよ」

「君たちみたいな芸風の人は他にいないからね」

「いないでしょう」「うんこのネタを15年やり続けたら人間国宝になるよ」

「ここから15年経ったらみんな還暦」

「おれも80歳、まだまだいけるかな」

「きっと大丈夫。物販をお願いしますよ」

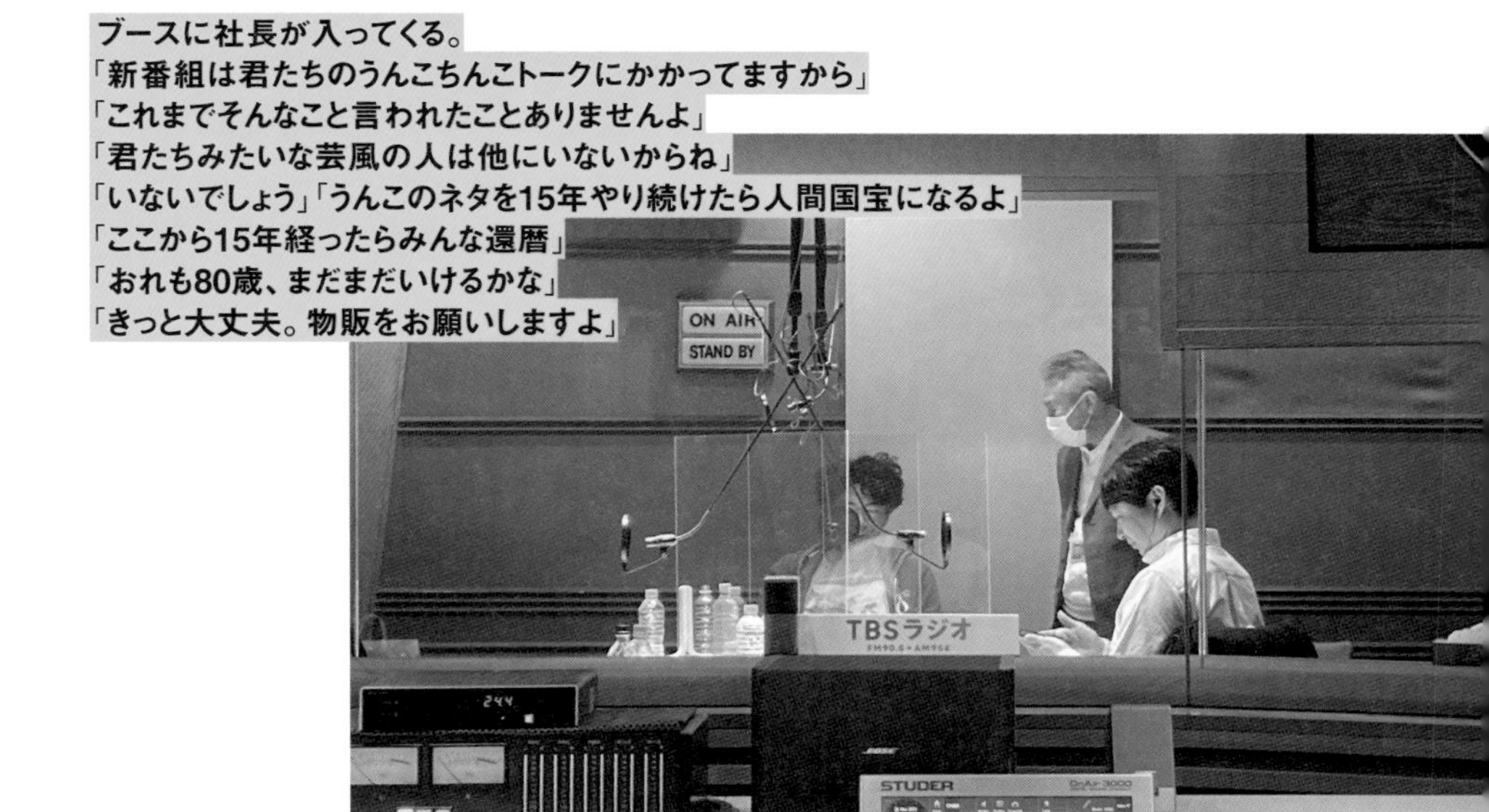

PARTITE TALK

ありがとう、エレ片のコント太郎！そしてケツビー！へ

本の終わりに、エレ片の3人に
「エレ片のコント太郎」とともに
歩んだ15年を振り返ってもらった。
「エレ片」の過去、現在、
そして未来へ、
3人のトークが深まっていく。

15年前といま

や　「エレ片のコント太郎」は片桐仁の番組として始まったと言って間違いない。

い　番組が始まった15年前はどんな時代だったんでしょう。ラーメンズは人気だったね。

か　2006年はラーメンズの公演がなくて、だんだん他の人のやる演劇に出るようになったころ。

い　俺たちは大きな仕事もレギュラーもなかった。でも、念願のラジオの番組を持てた。

や　それこそ、いちばんやりたかったのがラジオだったからね。テレビも出たいけど、ラジオに出たかった。

か　ラジオっていいよね。その昔、今立と一緒にバイトから帰って、二人で部屋で酒を飲みながら伊集院さんのラジオを聞いたこともあったね。

い　そもそも大学時代のお笑い大会の優勝商品がＴＢＳラジオの単発番組だった。

や　大学4年生だったのかな。そのときは、コテンパンに言われたね。

い　部室でトークの練習したんだけどね。そして「エレ片のコント太郎」が始まった。

や　最初は番組タイトルの通り、冒頭にコントがあった。

か　フリートークをしない主義だったから、ラーメンズは。しっかりと台本があるコントをしてた。

や　だけど早くフリートークだけの番組をやりたかった。

い　開始当時は1時間番組で、最初にコントをやるから結局、喋れる時間がなくて、それでポッドキャストが始まった。

や　そこでフリートークをし続けていたら、それが面白いって。

か　収録のときのエレキの二人は、自由に喋るから、台本なんてあってないようなもの。ああ、この人たちはそうやって作っていくんだって思ったね。僕は台本第一主義でやってきたから、最初はカルチャーショックでした。

「コントの人」の誕生まで

や　「エレ片」は成り立ちが独特。ラジオが始まった時は、全国ツアーが決まっていた。「エレ片おもしろライブ」という名前で。そういえば、片桐さんが遅刻したことあったね。

い　ダブルブッキングだっけ。

か　いやトリプルブッキングかな。香川で映画を撮ることになっていたんだよ。それが数日前にわかって、「すいませんライブの前半出れません」って。

や　「嘘でしょう」って思いました。

か　空港まで社長がバイクで迎えにきて2ケツでイベント会場に向かったんだよね。確か最後の15分しか出てない。

や　TBSとの力関係は僕たちが圧倒的に下だったけど、イベントで数字を出して、だんだんと発言権を手に入れていったんです。

い　客がついていたからね。ラーメンズファンがいたから、何をやっても客が入った。

や　でも、それを続けていても未来はないだろうとも感じていた。イベントを主催する側としては、金を使わずに稼ぎたいわけです。すでにお客さんが入ってるから、これ以上お金をかけなくてもいいでしょう。それとの戦いでした。

い　ラーメンズのファンが来てもー回見たら、もう来ないだろうなって思ったからね。

か　「稽古日が1日しかありません」とかあったもんね。

や　コントを作る時間も練習時間もない。だから、既存のネタを改変したりと、小手先のものしかやってなかった。

か　俺たちのネタをエレキがやったり、その逆もあったね。

や　俺たちはスーパースターじゃないんだから、こんなに労力をかけないのは良くないと思った。

い　そして1年後に「コントの人」というコントライブになった。

大切なのは面白がること

や　コントを最初やっていたのは、フリートークができないと思われていたからなんだよね。

か　いつから2時間番組になったん

だっけ。

い　JUNKサタデーからかな。1時間が2時間になったけど、もともとポッドキャストで1時間くらい喋っていたからあまり変わらなかった。

か　何を話すのか決めてなくても、とにかく話は尽きなかった。

や　収録の時は番組が始まるまでほとんど話さないもんね。

い　リアクションをとっておくんですよね。収録以外、例えばCM中はどんどん話が進んじゃう危険もあるから、CM中はみんなぼうっとしている。

か　CM中に盛り上がるともったいないって思うようになったね。

い　リスナーはCM中のことはわからないからね。

や　面白い話でも二回話したら新鮮さがなくなる。

い　1回目と2回目の時は反応が違うもんね。特に仁なんか。

か　面白ければ2回目だって同じように盛り上がれるよ！

や　いやいや、できないでしょう。

い　そもそも面白い話ってなんだろうね。

か　それは俺も知りたい。

や　興味を持っていることを、大きな声でしゃべればいいと思うな。

か　好きなことの話をしていると面白いよね。そんなの知らないよって思うけど、聞いていると楽しくなってくる。

い　面白がっていればみんなも面白がってくれる。

や　面白がってくれる同士がどこかにいますしね。ラジオの向こうに。

知らない話題がグルーヴを生む

や　昔は一人で聴いている人に向かって喋れって言われたんです。でも、僕の好きだったラジオはそんなことなかった。いろんな人のラジオを聞いたけど、誰も一人に向けて喋っていないし、「全部うちわ受けじゃん」って思った。最初に聞いた時にわからない言葉で喋っているラジオが評価されている。つまり、主観的で固定ファンに向けて喋っていることが

わかったんです。

か　むかし聴いてたとんねるずさんのラジオは何を言ってるかわからなかったもん。でも覗き見している感覚があって、そこに入りたかった。彼らが何をしゃべっているか知りたかったんだよね。

や　何言ってるかわからないけど知りたい。面白そうだなと思ってもらえたらそれでいい。

い　『キン肉マン』という漫画があってね」って説明が始まったら興醒めですよね。

か　そうやって喋っていると、グルーヴが生まれるんだよね。二人がキン肉マンの話で盛り上がってる。「そんなの知らねえよ」って言ってるのに置いてかれて、その先の先の先の先くらいになって、そんなこと知らないって言える雰囲気じゃなくなって、そうすると『キン肉マン』という前提で喋っていたことが、まったく関係ない話になっている。その時、すごく面白いなって思う。トークは生き物なんだって感じますね。

や　15年やってわかったのは、「面白い話があるんですよ」って誰かのエピソードを話すよりも、自分が好きなことを話すほうが面白いってこと。どれだけ自分がハマっているのかが大事で、そっちの方がより滑稽に見える。

誰かに届いて初めて面白くなる

か　最終的にはリスナーに向けているけど、3人でしゃべっている意識が強いよね。

や　「笑いたい」ってことなんですよ。3人でも、リスナーがいても、結局は自分たちに向かって喋っている。

い　仁が一番笑っているもんね。

か　俺うるさいよね。オンエアを聴いてうるさいなって反省しています。

や　面白い話というのは、した瞬間はまだ面白くない。リアクションがあって、誰かに届いて面白くなる。格闘技のトレーニングなんかで、トレーナーがいい音でパーンって受けてくれるでしょう。僕がそんなすごいパンチを持っているわけじゃない。でも、本当にいい音で受けてくれる。それがプロのリアクター。僕たちもプロだから、それができる。リアクション次第で、話を面白くすることができる。すごく面白い話ってそうそうないけど、いい受け方をするとどんどん感触が良くなって、「あ、これは面白い話なんだ」ってなっていく。

か　でもさ、エレ片って厳しいかもしれないよ。自分の場合、パンチがなかなか届かないから。

い　仁の場合、本当にいいパンチが来たときだけ、いい音で受けてくれるよね。

や　二人はいい音で受けてくれますけどね。僕はここではいい音を出さないで受けてみようって思うこともある。

か　なんでだよ。毎回、いい音で受けてよ。

話を腰を折る人

か　今日の昼間は別の撮影で疲れたよね。でも、仕事が忙しいのはありがたいし、ストレスじゃないんだよね。最近、仕事がないことがストレスだって気がついたのは意外だった。

や　家で家族と過ごしているとストレスになるんだよ。

い　家族がストレス。

か　ある種そうかもね。高1と小4の息子は反抗期だし、何かあったらみんなお前のせいだって怒られてばかり。

い　ラジオの仕事はストレスではない？

か　最初は「エレキにはついていけてないな」って。それは今でも変わらないね。いつも迷惑かけてるなって反省してます。イップス然り。フリートークにも入れない。そうなると、途中で話を振られたくない。

い　やっぱりラジオもストレスじゃん。

か　ストレスかもしれない。たまたま、うまくできた時も、「面白くしてもらっているな」って気持ちはある。

い　いやいや、そんなことないですよ。

か　昔は自分が入ったらより面白くなるという自信が少しはあったけど、これだけやっていると、話の腰を折る人みたいになっている。

い　確かにそんなとこで引っかからないでよって気持ちになることがある。

や　流れをぶった切るからね。

か　「ものすごく余計なことを言ったな」って後で反省する。

片桐の質問は無視するしかない

や　話の腰を折られても別にいいけど、このオチにしようかなって思っていたら、先に言われることが多々ありますね。
か　いい流れできているのに気がつかないんだよね。
い　やついの表情で気付くことあるもんね。仁が「あ、言っちゃった」って顔をしている。
や　それを言っちゃうんだって思いますよね。だからもうそこでは落とせない。最終的に落ちるまでさらに時間がかかる。それはもういつもの光景。
い　合いの手なのに、オチになる核の部分を質問されたりね「なんでそうなったの?」とか。
か　「あとで言うから」ってよくやついに言われる。聞きたがりだからすぐに聞いちゃう。
や　あえて隠しているところを突いてくるよね。
か　ラジオを聞いている人は気になっているけど聞けないじゃない、同じ気持ちになっちゃうんだ。それですぐに聞いちゃう。
い　リスナーかよ。
や　俺はそこで引っ張っているから、だから片桐さんの質問は無視するしかない。それでオチを言うと、「ああ」って情けない顔をしている。
か　ようやく気付くわけです。だから無視されたんだなって
や　リスナーより先に知りたいって気持ちが強すぎる。
い　無邪気なんですね。
か　バカなんだよ。
や　ピュアということで。

片桐は一番のリスナー

や　片桐さんがどんな役割なのかって考えたら「転」をつくる人。
い　起承転結の「転」ね。話をさらに転がす仕事だ。
や　話に起承転結があるとして、だけどすぐに「結」に行きたがる。こっちが流れを作っているのに「転」をジャンプしようとする。いまは「承」だから!って。
い　「起」を出したときに、「転」を求めたりね。
や　「承」のときに「結」にいく。待て待てって。とにかく先に先に行こうとする。
い　そのくせ、話がわかってなくて、大事な時に「起」に戻る時もある。
か　リスナーでもわかってない人がきっといるじゃない。
や　「あなたって一コマ漫画なの?すべてひとつで説明しなくちゃだめなの?」って気持ちになる。
い　アーティストですからね。一枚

の絵に収めたくなるんでしょうね

や　そして、無限に質問する。質問し続ける能力が高い。

か　話を理解する能力がないんですよ。

い　話を覚えてないからね。一方的に質問をし続けて、答える前にさらに質問を投げかける。

か　清水ミチコさんにもそれで怒られたことある。思ったことが口に出ちゃうの。知っていたら言いたいという気持ちが強すぎるのかな。知識をひけらかしたいんだろうね。

い　やついがネタを話し出すと、1人だけ早押しクイズが始まるから。

や　そして、人の話はぶったぎっても、自分のセンテンスは切らせない。最後まで言うぞという強い覚悟を感じる。

い　横で聞いてくれている熱心なリスナーなんだって思いますね。

か　リスナーはちゃんといるんですけどね？

や　ヘビーリスナーですからね片桐さんは。その上、ときどき面白エピソード送ってくれるからありがたい。

い　身の回りで起こった出来事を定期的に送ってくれますから。

や　リスナーから作家になったタイプです。

い　そこからパーソナリティに昇格ってすごいね。

か　マキタスポーツに「飼ってる犬みたい」って言われたよ。無自覚にその場にいる感じなんだって。

この番組から みんなブレイクする

か　もともとテレビのひな壇で結果を残せなかった苦い思い出があって、そのタイミングでエレ片が始まって、エレキだったらなんとかしてくれるのかなって思っていたけど、昔も今も可愛がってもらってますね。

い　一番先輩だけどね。

か　最近は疎外感がありますね。『キン肉マン』の話なんか、なんでも知っている体でしゃべるから。

い　入ってくれればいいんだよ。

か　いくらでも話題を持っている二人なのに、『キン肉マン』は込み入

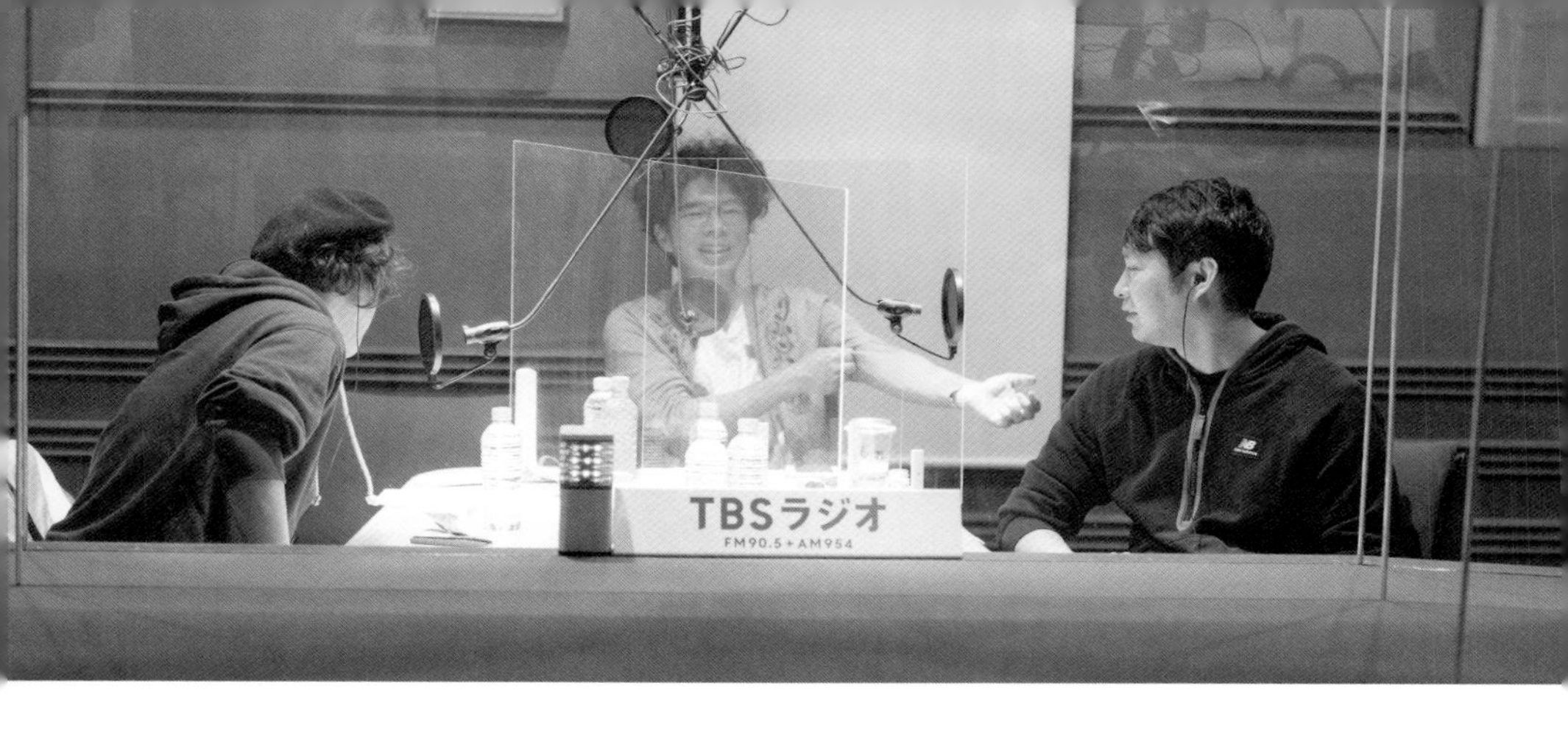

った話しかしない。

い　仁も『美味しんぼ』の話をしようとするじゃない。

か　自分がマウントを取ろうとすると、みんながすごい冷めるのがわかる。

や　元祖オタクだから。知識を言いたがるんだよね。

い　でもさ、ラジオって自由なメディアだから。リラックスして好きなことを喋れる。

か　テレビに比べたら誰にも見られてない。

や　自分のやりたいようにやれるけど、この場を維持するのが難しいんです。ライブに客を入れているから続いているわけで、この先もラジオという場で生き残るには、ライブに客を入れるしかない。

い　でもさ、振り返ったら色々あったね。他の番組にゲストに出たり、ブレイク前夜のPerfumeが出てくれたり。

か　みんなあっという間に売れてしまったね。

や　甲本ヒロトさんも、エレ片に出てから大ブレイクしたからね。あんなに売れるとは思わなかった。

い　どこの立場だよ。とっくに売れてたよ。

や　この前テレビで相撲を見てたらさ、ナイツの塙が映ってて連絡したら「マーシー（真島昌利）と来てます」って。

か　昔の仲間もどんどん売れていく。

や　それなのに今立は毎晩ホルモン屋で飲んでるんじゃないよ。顔がホルモンみたいな質感になってんじゃねえか。

か　確かに太ったよね、

や　焼酎に入ってる潰れた梅干みたいだから。

か　昔はあんなかっこよかったのに

ね。

3人のそれぞれの役割

か 今立はダサくなっちゃたけど、3人の関係は昔からそんなに変わらないよね。

や ボケとツッコミとリスナー。

い リスナーいらないな。

や 普通はしゃべれないからね、リスナーは。感謝してください。

い リスナーの代弁者であり、フォロワーでもありますね。

や でもこの場の中心ですから。

い 象徴的な存在だよね。

や 権力のない象徴ですよね。実際の力は何もない。

か ないのかよ。

い 御輿みたいなものです。みんなで担いでわっしょいわっしょい。

や エレ片の象徴、つまり帝（みかど）ですね。エレ片の帝。

か ボケとツッコミと帝ってなんだよ。

や ボケとツッコミは番組内ではコロコロ変わるけど、帝の基本的な立場は変わらないから。

か エレ片は過ごした時間が長いですからね。週1だけど15年間。同中くらいの関係性だ。

い 「コント太郎」は終わるけど、これからもラジオは続く。聞いてもらって、ライブに来てくれたら、もっと続くので。

か 毎週しゃべりたいよね。この場が楽しいし、続けていきたい。

い 影響力がある人に聞いて評価して欲しい。誰だろう。

や やっぱりオードリーですかね。

い 裏番組のパーソナリティだよ。オードリーが聴いてたら笑えるよ。

や リアルなことを言えば、「エレ片」をこれからも続けることが人生の目的なんです。自分からやめるという選択肢は絶対にない。ライブもラジオも続けたい。誰に何を言われても続ける。その先に何があるかなんてわからない。なんもないかもしれない。「エレ片のコント太郎」は終わっても、「エレ片」はまだまだ続きます。

これからは「エレ片のケツビ!」をよろしくお願いします!

著　　者　エレキコミック　片桐仁
TBSラジオ『JUNKサタデーエレ片のコント太郎』制作班
協　　力　TBSラジオ
トゥインクル・コーポレーション

撮　　影　豊田哲也（カバー・第1章）
取材・文　キンマサタカ（パンダ舎）
デザイン　山﨑健太郎、小川順子（NO DESIGN）
構　　成　キンマサタカ（パンダ舎）
編　　集　坂口亮太、志摩俊太朗（パルコ）

監　　修　TBSラジオ『JUNKサタデーエレ片のコント太郎』制作班

TBSラジオ『JUNKサタデーエレ片のコント太郎』公式完全読本
ありがとう、エレ片のコント太郎！

2021年6月30日　第1刷

発 行 人　川瀬賢二
発 行 所　株式会社パルコ　エンタテインメント事業部
〒150-0042　東京都渋谷区宇田川町15-1
電話　03-3477-5755

印刷・製本　株式会社加藤文明社

ISBN978-4-86506-356-1 C0076
Printed in Japan

〒150-0045　東京都渋谷区神泉町8-16
渋谷ファーストプレイス　パルコ出版　編集部